皇家赏牡丹

《紫禁城》杂志编辑部◎编

故宫出版社

图书在版编目（CIP）数据

皇家赏牡丹 /《紫禁城》杂志编辑部编．—北京：故宫出版社，2019.5

ISBN 978-7-5134-1204-9

Ⅰ．①皇… Ⅱ．①紫… Ⅲ．①牡丹—文化—中国 Ⅳ．①S685.11

中国版本图书馆 CIP 数据核字（2019）第 085482 号

皇家赏牡丹

出版人：王亚民
责任编辑：周利楠 关键
设计：王梓
出版发行：故宫出版社
地址：北京市东城区景山前街4号 邮编：100009
电话：010-85007808 010-85007816 传真：010-65129479
邮箱：ggcb@culturefc.cn
制版：北京印艺启航文化发展有限公司
印刷：北京启航东方印刷有限公司
开本：889毫米×1194毫米 1/16
印张：13
字数：17千字
版次：2019年5月第1版
2019年5月第1次印刷
印数：1～5000册
书号：ISBN 978-7-5134-1204-9
定价：76.00元

目录

第一章

观画

撷趣拾芳

牡丹不同于兰花的清幽，不同于菊花的野逸，不同于梅花的冷峻，她带给人的直观感受就是华贵雍容。古人习惯寄情于花草，把她们比拟作人，来欣赏，来品味。而牡丹就像是一个高贵典雅的贵妇人。恰恰就是这层华贵之色，使得牡丹备受统治者的青睐，文人骚客也把「花中魁首」的名号冠于牡丹。与此同时牡丹也大量地被图写、被描摹，凝结在尺素之上，流传于历史之中。

写真传神

明　沈奎　富贵长春图册之「禁院黄」

在没有照相技术的古代，人们用写生、写真的绘画方式，以精湛的技艺，留下万物的瞬间，使之成为无价的历史资料与艺术珍品。这类绘画偏重于写实性，刻画精细，随类赋彩，标名举目，画页众多集成图谱，如牡丹谱、兽谱、鸟谱等。

沈奎是活动于明早期的画家，字士容，杭州人。他善于画花果、翎毛，画法学元人王渊，设色艳丽。他的牡丹谱将牡丹花姿、花容、

明 沈奎 富贵长春图册之「金玉相」

花色、花型都逼真地刻画出来，使人不自觉地在牡丹盛开的时节，从花海里寻找画中牡丹的形象。

清宫收藏的沈奎牡丹谱名为《富贵长春图》册，共计四册，每册二十五开，描绘了牡丹的一百个品种，其中有姚黄、魏紫、莲花萼、鹿胎、軃红、禁院黄、五色奇玉、御袍黄、玛瑙盘等。

姚黄、魏紫、莲花萼、鹿胎、鞓红等名品，见于欧阳修《洛阳牡丹记》，其中姚黄、魏紫在北宋时期就有「姚黄花王，魏紫花后」的称号，但这两个品种都在后世失传，今天虽有牡丹仍以姚黄、魏紫为名，但恐非当时品种。谱中禁院黄、御袍黄两种，与姚黄类似，均

明　沈奎　富贵长春图册之「魏紫」

为黄色，皆因花王地位至高，花色又和象征皇权的明黄色相同，而被冠以与皇家有关的名字。到了清代，宫廷中还种植有以此为名的牡丹。

明　沈奎　富贵长春图册之「墨魁」

祖孙三代三帝共赏牡丹

史载，北京的牡丹栽培盛于明清，清代尤盛。圆明园早期建有一处景观，位于莲花池东南方向，四面曲水环绕，其中种植牡丹数百株。胤禛在当亲王的时候，此处景观就被列为园中十二景之一。花开时节，牡丹如锦似霞，胤禛因而作诗咏道：「叠云层石秀，曲水绕台斜。天下无双品，人间第一花。艳宜金谷赏，名重洛阳夸。国色谁堪并，仙堂锦作霞。」康熙六十一年，十二岁的弘历在胤禛的精心安排下，第一次在这里见到了祖父康熙皇帝。弘历即位后，将此处景观改为镂月开云，并将赏牡丹的牡丹台改名为纪恩堂，以纪念康熙六十一年祖孙三代皇帝在此赏花的往事，一时传为佳话。

清人绘　胤禛（雍正皇帝）行乐图轴及其局部

清人绘　牡丹谱册之「迎日红」

慈禧太后与《牡丹谱》册

慈禧太后时期，牡丹的地位比之前进一步提升，被敕定为国花，故而圆明园牡丹台在此时又被称为国花台。清代宫廷佚名画师所画的《牡丹谱》册就是在这一时期完成的。此册《牡丹谱》画页甚多，勾画精工，设色妍丽，为清代晚期图谱类画册中不可多得的珍品。

清人绘　奕詝孝钦后（慈禧）行乐图轴

清人绘　牡丹谱册之「云华妆」

清人绘　牡丹谱册之「佛头青」

清人绘　牡丹谱册之「朝天紫」

清人绘　牡丹谱册之「赤玉盘」

青人绘　牡丹谱册之「泼墨紫」

中国花鸟画的画法可分勾勒填色、没骨、写意三类，前两种至迟在五代、北宋时就已确立。在元代以前，花鸟画基本上都是采用这两种画法，其中尤其以勾勒填色画法为主。明代沈奎的《富贵长春图》册就是这一路画法的变异，其轮廓精准，线条优美、圆润，刻画细腻，平涂设色，有一定

清人绘 牡丹谱册之一紫罗衫」

晕染，采用的是传统的折枝构图。而沿袭没骨画法的画家很少，清初恽寿平继承此法，开创恽氏「没骨花」一门，没骨画法才得以继承发扬。传至清中晚期，宫廷画师们追踪拟迹。晚清佚名画师所作的《牡丹谱》册就是采用这一路画法，不用线勾勒，构图注重花叶位置，半遮半掩，姿态生动。

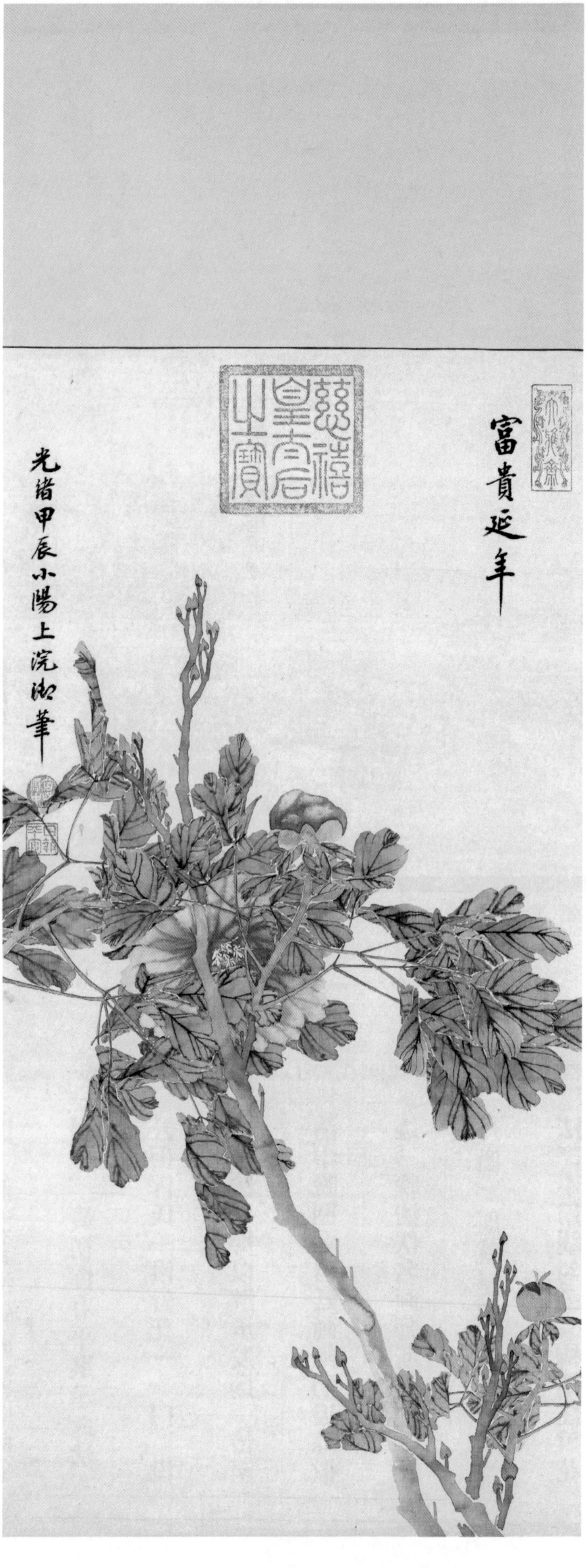

清光绪　慈禧　富贵延年图轴

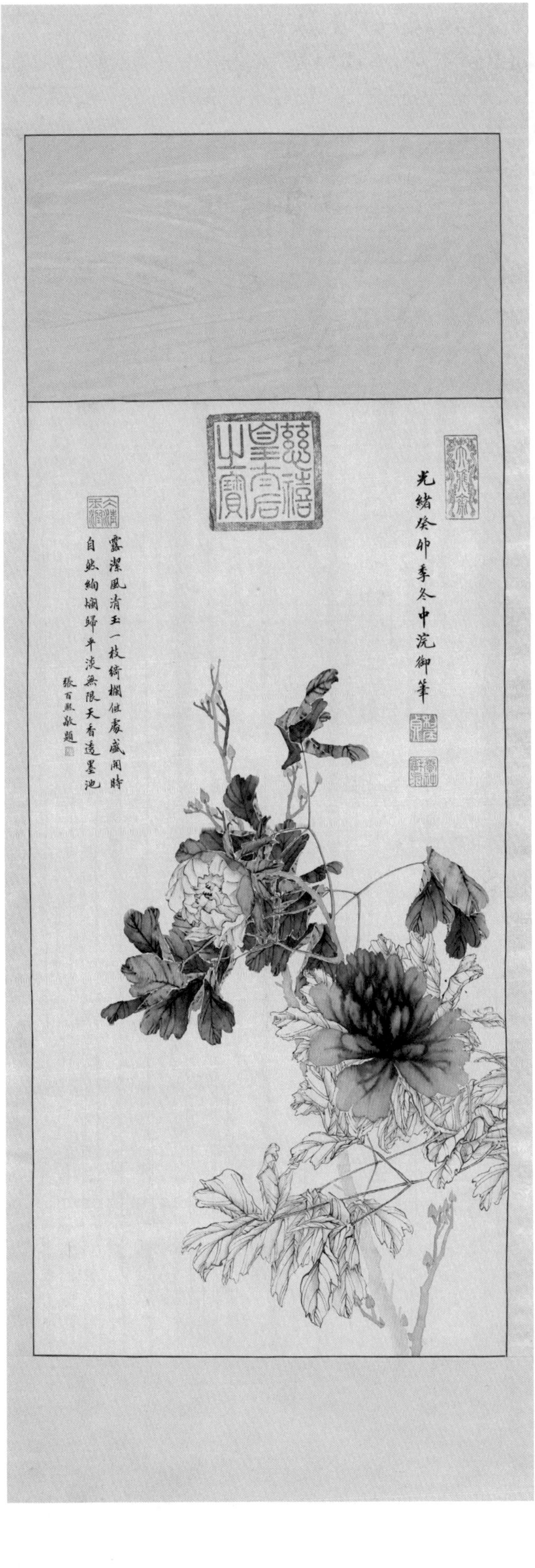
慈禧皇太后之寶
光緒癸卯季冬中浣御筆
露濯風清玉一枝綺欄佳處歲閒時
自然絢爛歸平淡無限天香透墨池
張百熙敬題

清光绪　慈禧　牡丹图轴

宋人绘　牡丹图页

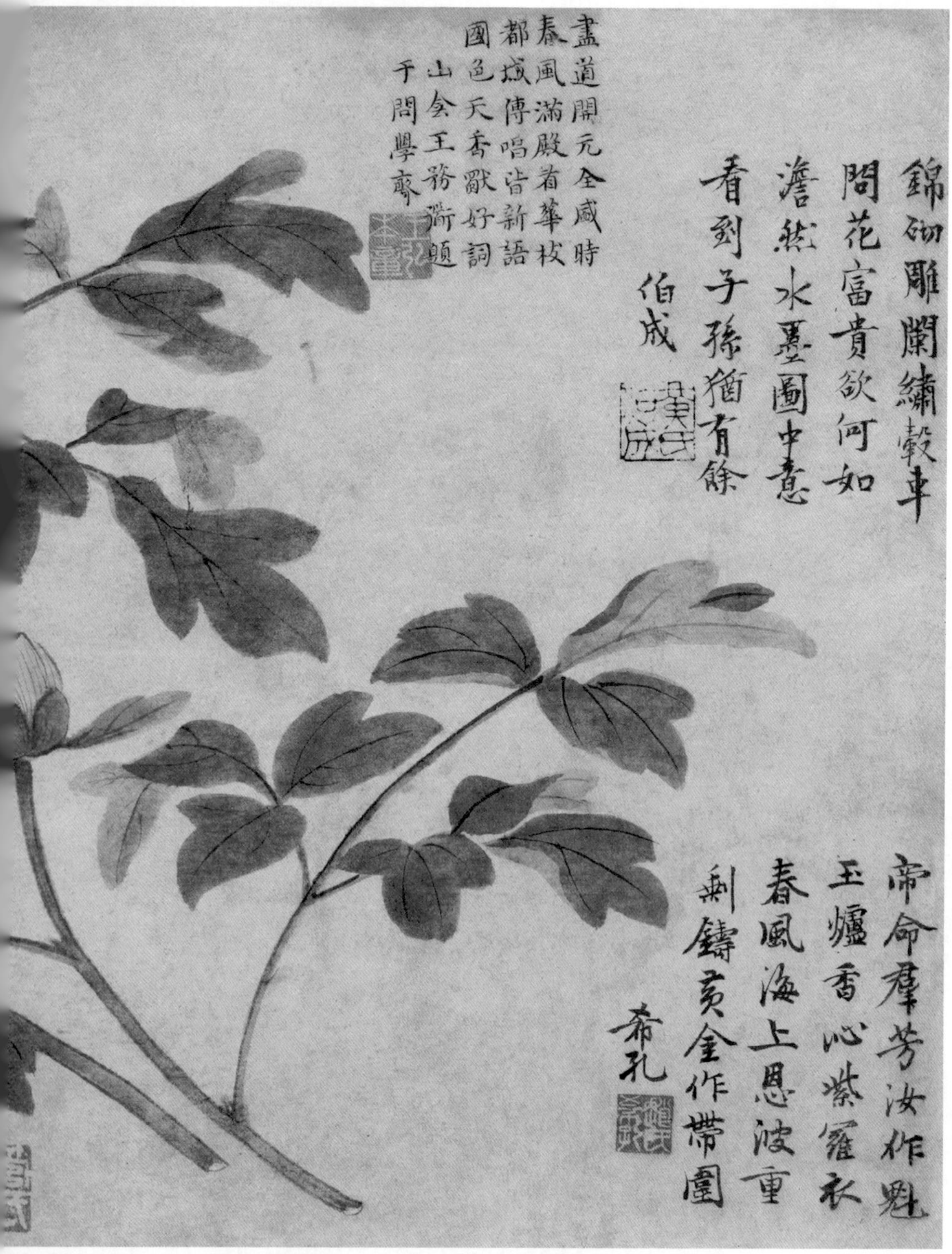
錦砌雕闌繡轂車
問花富貴欲何如
瀟然水墨圖中意
看到子孫猶有餘
伯成
畫道開元全盛時
春風滿殿看華枝
都城傳唱皆新語
國色天香歡好詞
帝命群芳汝作魁
玉爐香沁紫羅衣
春風海上恩波重
剩鑄黃金作帶圍
希孔

元 王渊 墨笔牡丹图卷

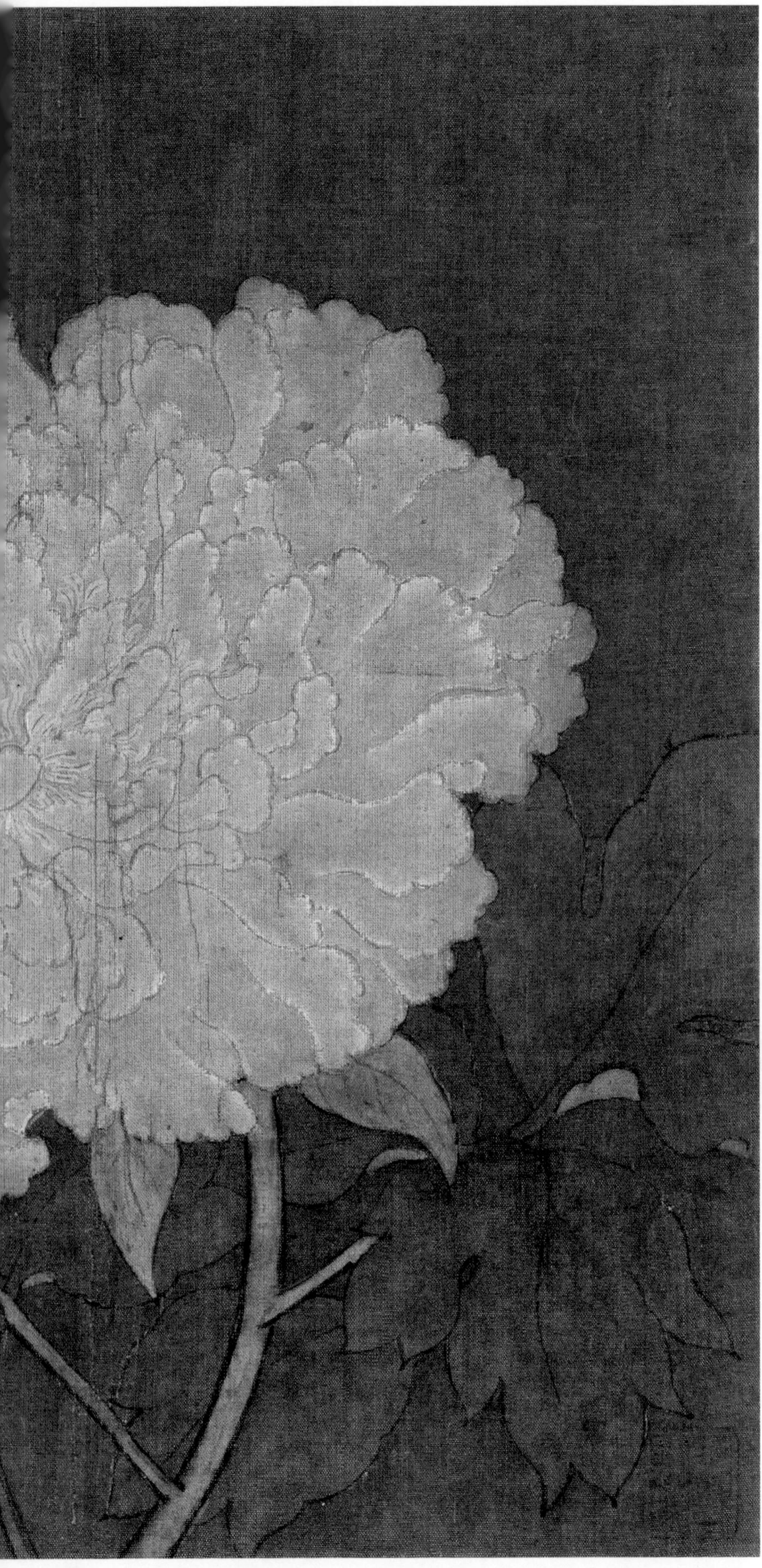

明人绘　绿牡丹图页

优雅闲适

明中期，沈周开辟了文人写意花鸟画的新风格，追求「雅人深致」的新格调，向往心与迹俱闲、适意写心的艺术旨趣。陈道复、徐渭是沈周之后出现的文人写意花鸟画的代表性画家，继而发展出大写意花鸟画。写意成为文人画的主要表现形式，工丽一派此时几成绝响。

明 沈周 牡丹图轴（局部）

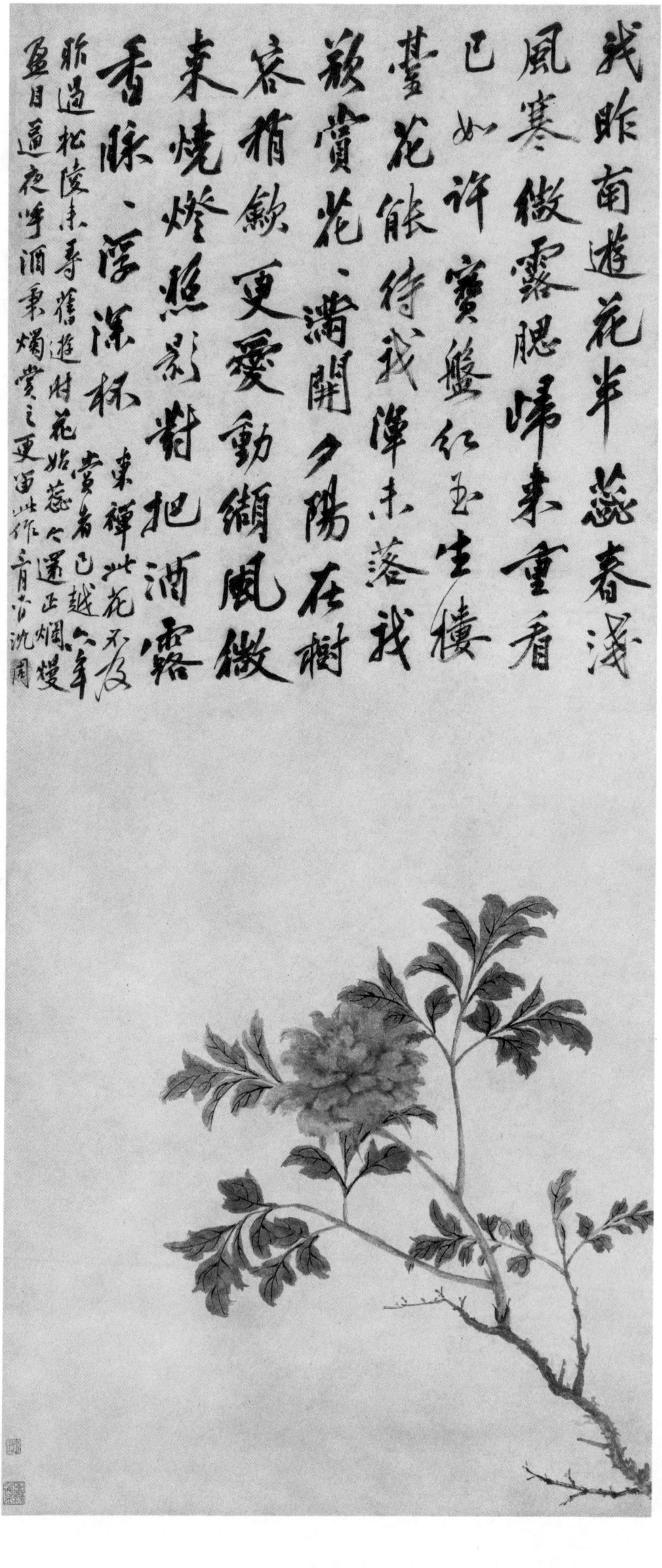
我昨南遊花半蕊春淺
風寒微露腮歸來重看
已如許寶盤紅玉生樓
臺花能待我渾未落我
欲賞花、滿開夕陽在樹
容稍斂更愛動蕩風微
來燒燈照影對把酒露
香脉、浮深杯

明　沈周　牡丹图轴

明　徐渭　牡丹图轴

明　徐渭　四时花卉图卷（局部）

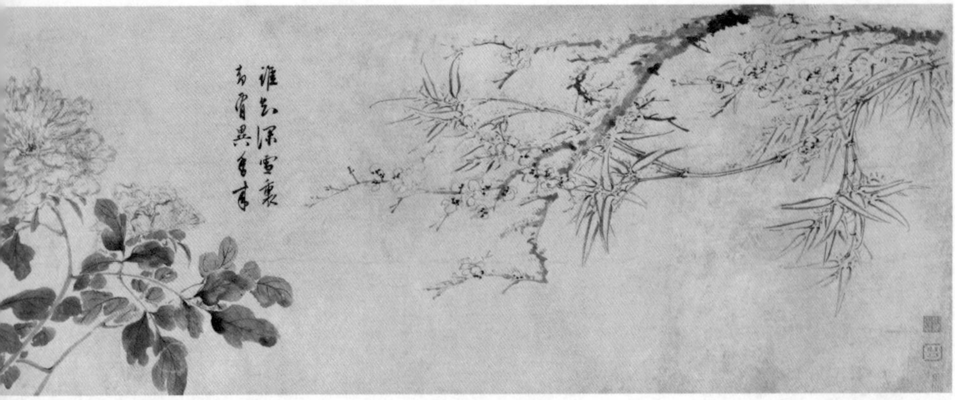

陈道复的《牡丹图》扇页、《花卉图》卷，一为设色，写意、没骨并用；一为墨笔，写意、勾勒并用。可谓「工而入逸，写而亦入逸，斯为妙品」。徐渭的《四时花卉图》卷，任意泼墨，俨然若生，具豪放之逸。周之冕的《百花图》卷用勾花点叶法，用笔遒劲纵逸，以墨晕染，别具生意。

明　陈道复　花卉图卷（局部）

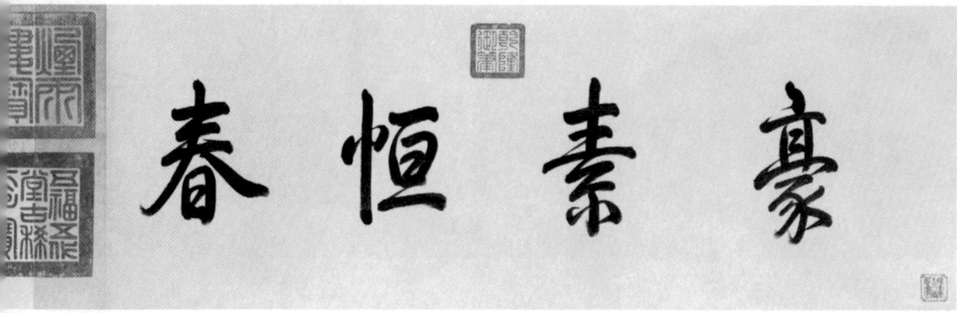
豪素恒春

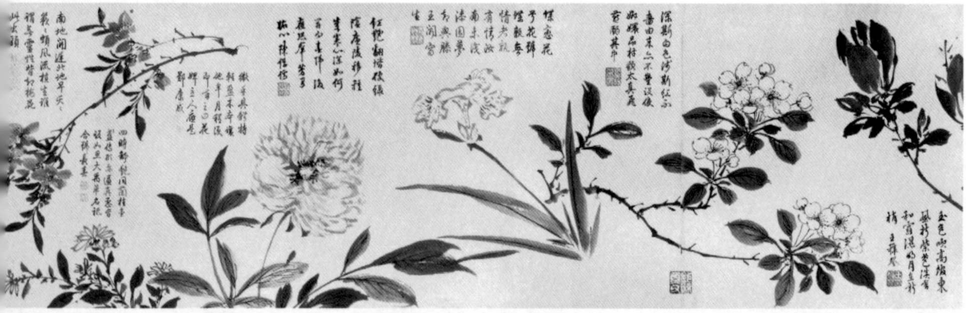

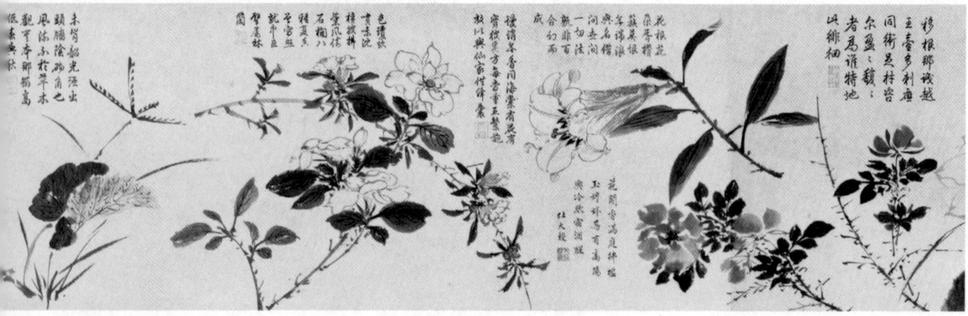

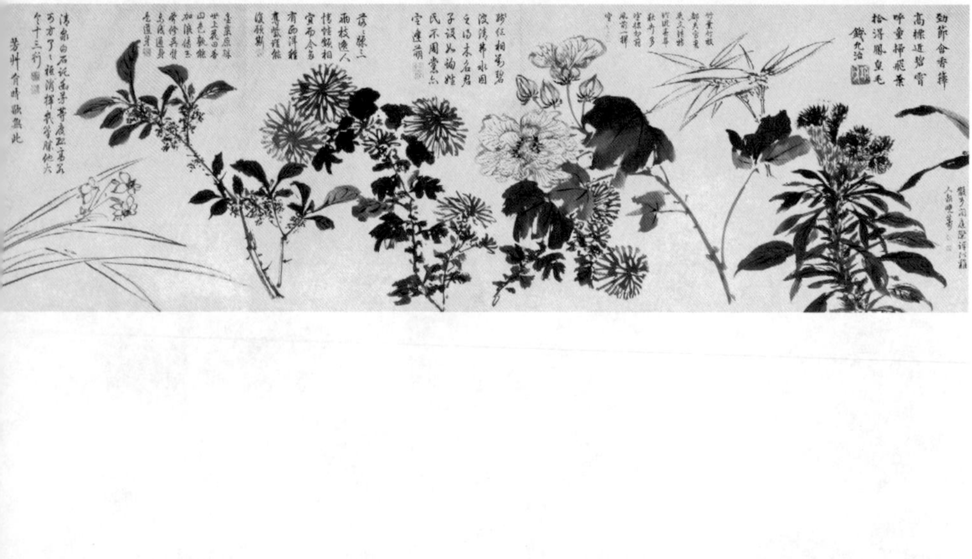

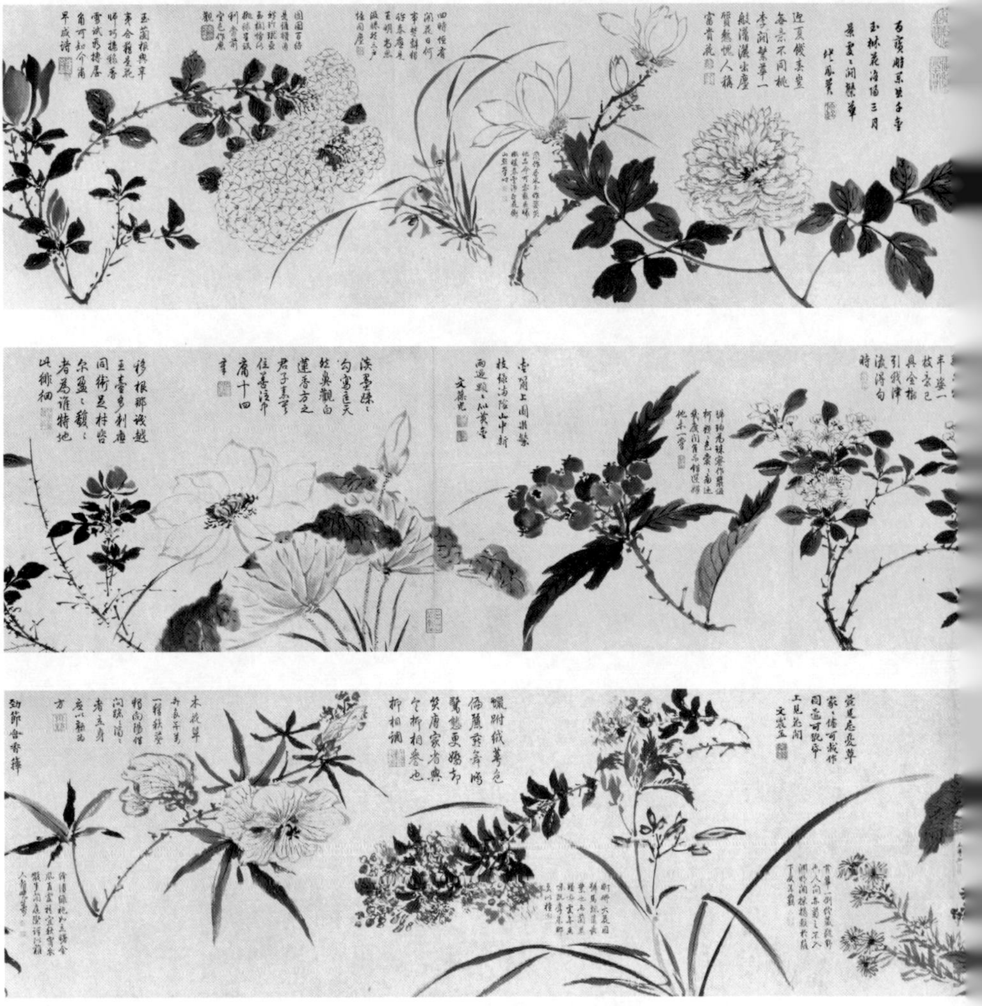

明 周之冕 百花图卷

到了明末清初，八大山人（朱耷）、石涛等继承和发扬大写意传统，自成淋漓洒脱的新风貌。八大山人的《花卉图》卷，画风受沈周、徐渭影响，墨色润泽，将牡丹用小绳系成一束，好似新采摘的鲜花，独出心裁，十分别致。

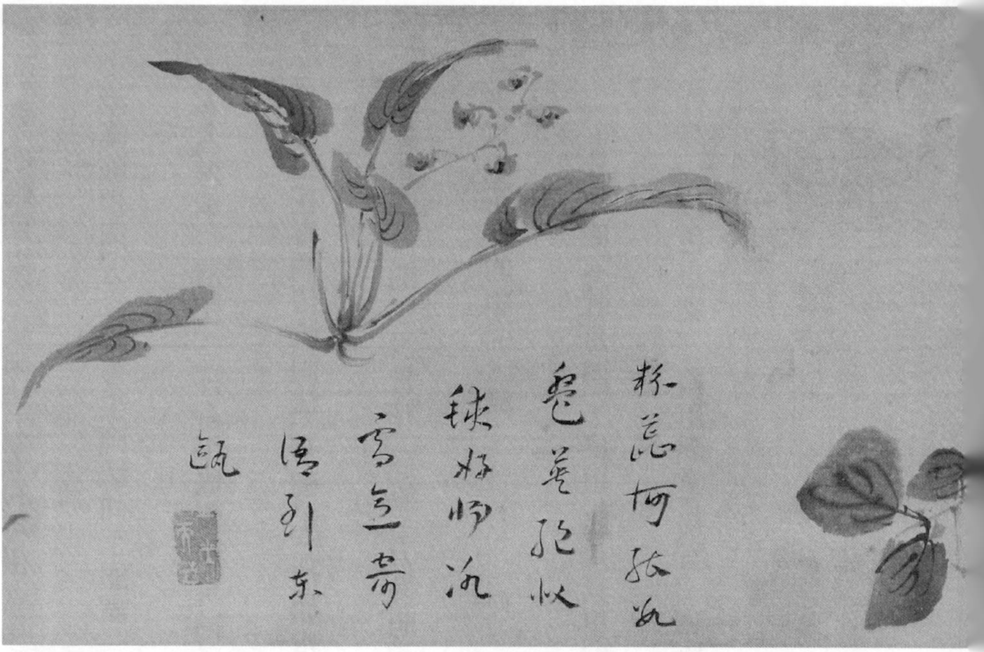

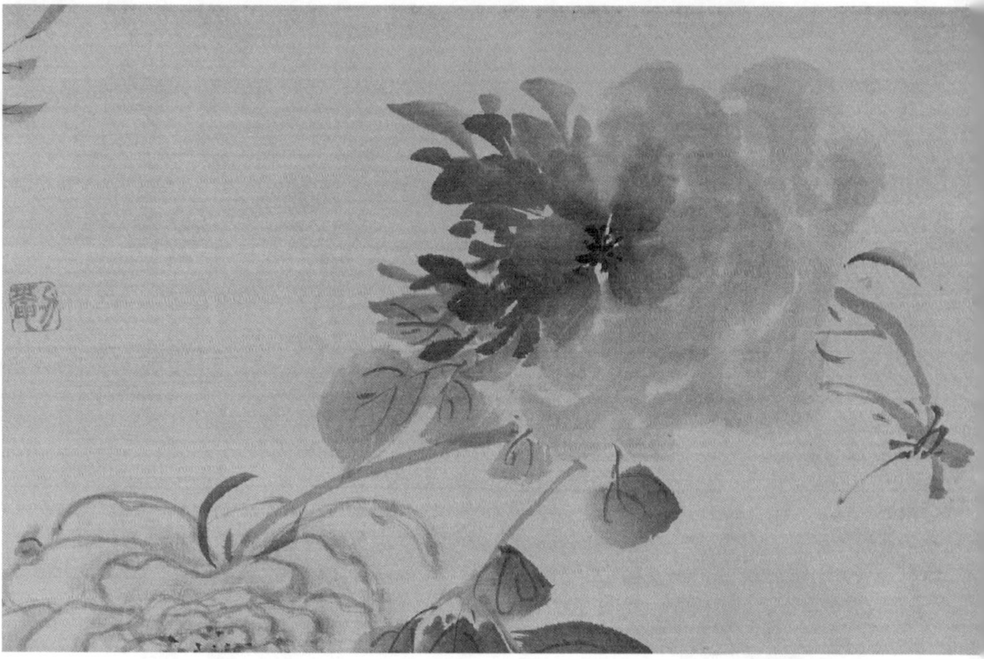

清　朱耷　花卉图卷（局部）

明晚期以写意画法为主的勾花点叶派末流陈陈相因，没骨写生画法同工丽派一样，无人继承。清初，恽寿平恢复和发扬了没骨写生花卉的传统画法，开创了「清如水碧，洁如霜露」的「没骨花」法，力挽明末以来写生花卉的颓靡之风。

恽氏的《牡丹图》扇页应是其早期的作品，以色点染，微用墨笔勾写，画法细

腻，设色淡雅，深得天然之趣。《山水花卉图》册中牡丹一帧是其四十岁以后的作品，用笔清劲秀逸而不见笔墨痕迹，设色醇厚而不郁结腻滞，形象写实而绰约，真正达到了他所追求的色、光、态、韵俱佳的境界。《花卉图》册中牡丹一帧应是其五十岁以后的作品，趋向淡雅、清逸，用笔设色炉火纯青。

清　恽寿平　牡丹图扇页

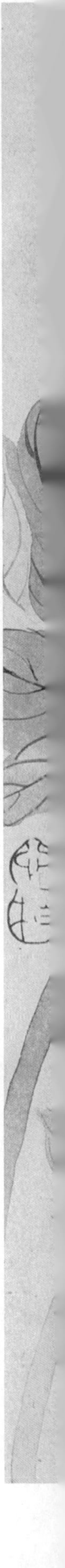

清　恽寿平　花卉图册之牡丹

清初以后的文人花鸟画家，以乾嘉时期的「扬州八怪」为代表，他们勇于尝试新的绘画技法和方式，如高凤翰《花卉行书》合册之牡丹、罗聘《指画花卉图》册之牡丹。到了晚清，「海派」画家赵之谦、任颐、吴昌硕等人，更多继承和发展了徐渭、陈淳及八大山人、石涛等人的写意画风和恽寿平「没骨花」的画风。

「以花传神」的恽寿平

恽寿平，又名格，字正叔，号南田、白云外史等，武进（今江苏常州）人。早年工绘山水，宗元人王蒙画风，笔墨清灵秀洁，意境萧散幽淡。后改绘花鸟，远师宋徐崇嗣，近学明人，注重写生，更发展了没骨技法。所画花鸟禽鱼很少用笔勾线，主要以水墨直接点染，追求天机物趣，一洗前习，对后世花鸟画的创作影响极大，开创了「常州画派」。他与王时敏、王鉴、王翚、王原祁、吴历并称「四王吴恽」，亦称「清六家」。

清　居廉　富贵白头图轴

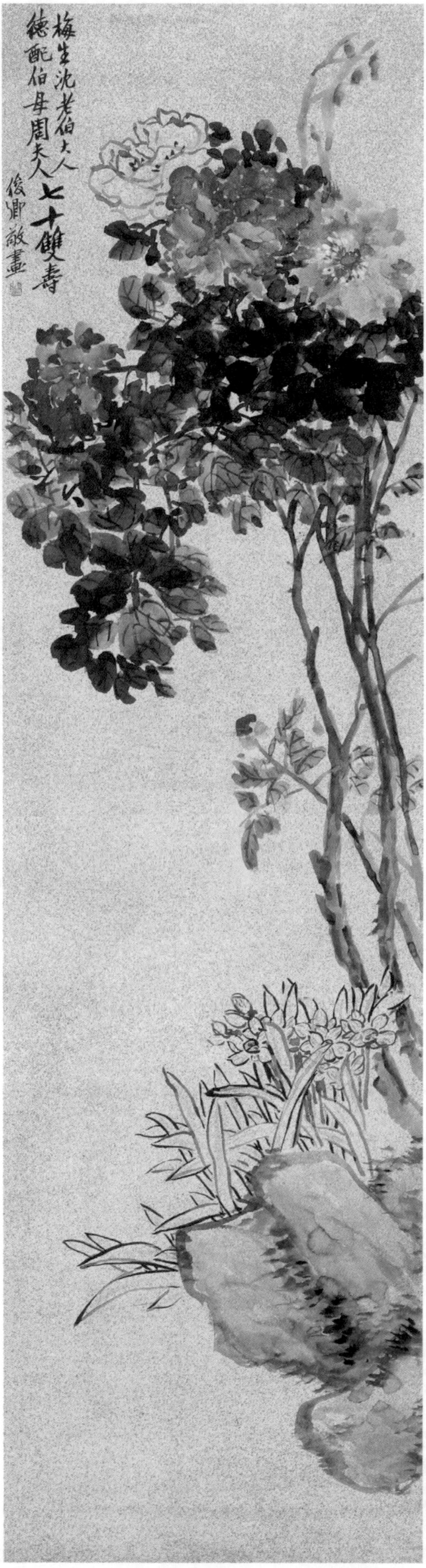
梅生沈老伯大人
德配伯母周夫人七十雙壽
俊卿敬畫

清 吴昌硕 牡丹水仙图轴

清 吴昌硕 花卉单页之牡丹

这些明清文人花鸟画家都是画史上里程碑式的人物。他们出身、境遇不同，却都秉持文人儒雅、清高的品质。画作中对牡丹这一主题的表现，也是传达各自内心寄寓。有的抒发文人素、净之心志；有的把牡丹比作美人，描绘羸弱扶风之态；有的以牡丹自况，看花如看其人。

清　赵之谦　牡丹图轴

富贵荣华

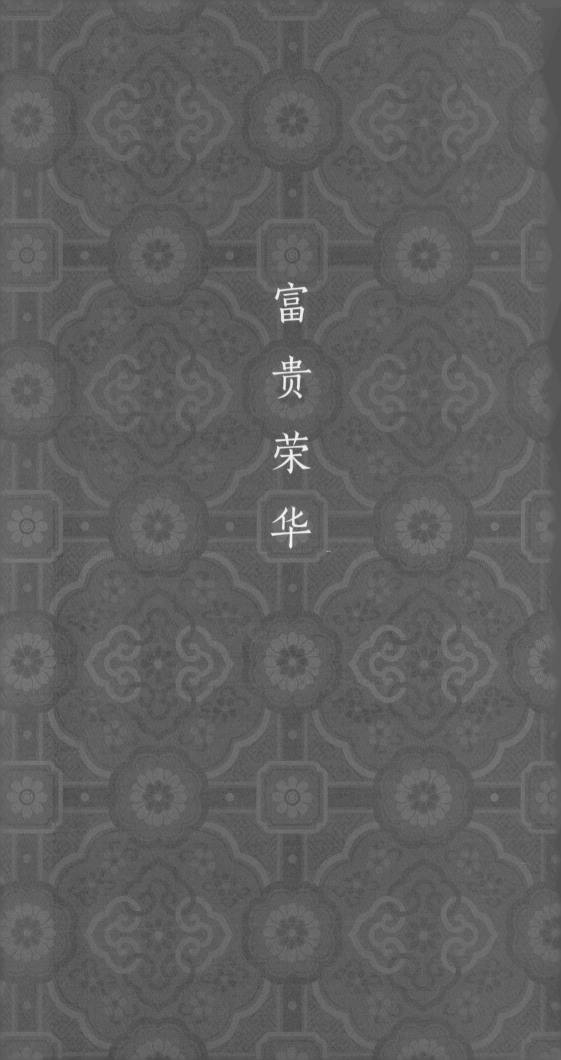

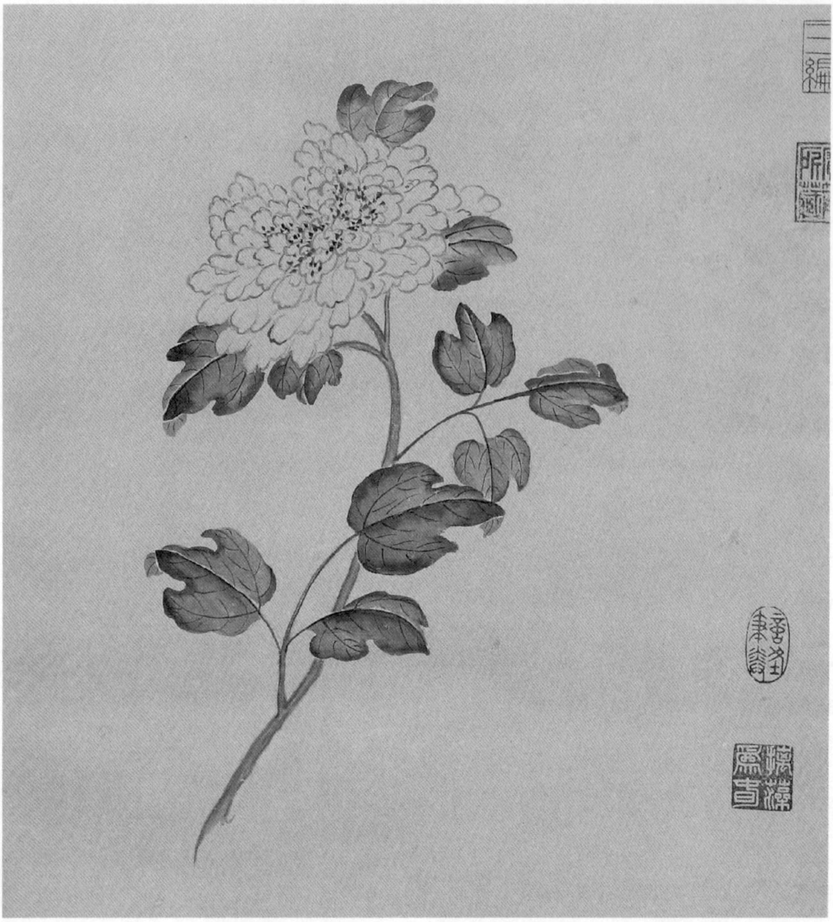

清　弘历（乾隆皇帝）　牡丹图轴（局部）

相比文人笔下优雅闲适的牡丹，宫廷绘画更强调牡丹的富贵气息，画风趋于规整、严谨、细腻、华丽，同时还受到了欧洲绘画风格的影响。

皇帝自身的艺术修养与品味，与清代宫廷装饰审美有一定区别。例如，乾隆皇帝崇尚文人儒雅的气质，墨笔《牡丹图》轴和设色《并蒂牡丹图》轴就是他追求文人淡雅韵致的「几暇临池」之作。

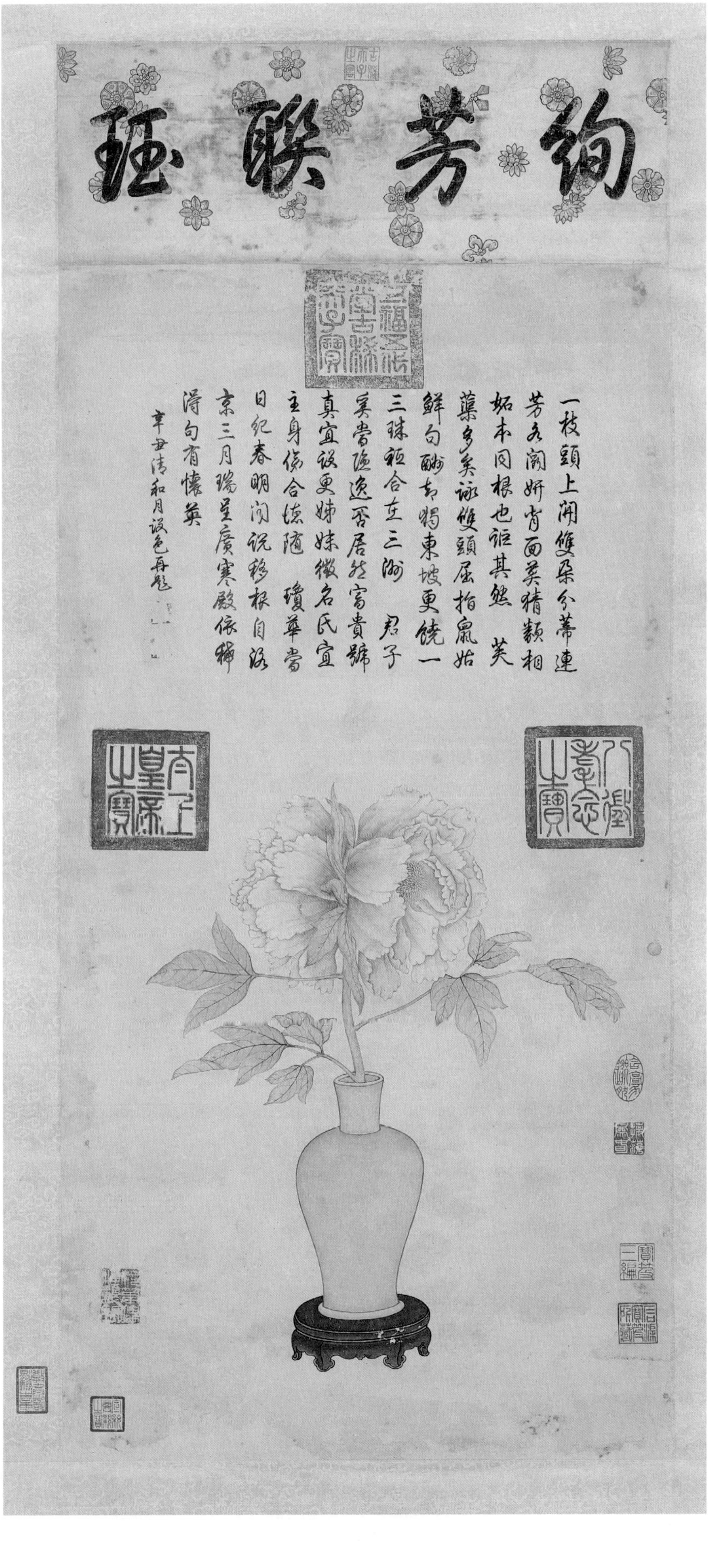

清　弘历（乾隆皇帝）　并蒂牡丹图轴

清人绘 弘历（乾隆皇帝）薰风琴韵图轴

清人绘
弘历（乾隆皇帝）妃
及颙琰（嘉庆皇帝）
孩提时像轴

清人绘 弘历（乾隆皇帝）妃及颙琰（嘉庆皇帝）孩提时像轴（局部）

今上御容
嘉慶二十年十二月初一日敬識

　　词臣画家和宫廷画师则会兼顾皇帝品味以及宫廷装饰两方面的需要，淡雅和富丽两种格调并存。例如康熙、雍正两朝重要的词臣画家大学士蒋廷锡，他的画作面貌就有两种，即工笔重彩和墨笔写意。《牡丹图》扇页具有文人淡雅的写意画风，《牡丹十六种图》册则是工笔重彩一路，但由于受恽寿平的影响带有写意笔致，

清　蒋廷锡　牡丹图扇页

设色也加入晕染效果。值得一提的是《牡丹图》扇页上的款署「戊戌六月戏学海西烘染法，请学老年长兄教，弟廷锡」。戊戌即清康熙五十七年。蒋廷锡此前在与宫内西方传教士的接触中，掌握了一定的西洋画技法，此图作为仿学戏作，最终没有达到西画的效果。但是，也反映出当时清宫研习西画的时尚和潮流。

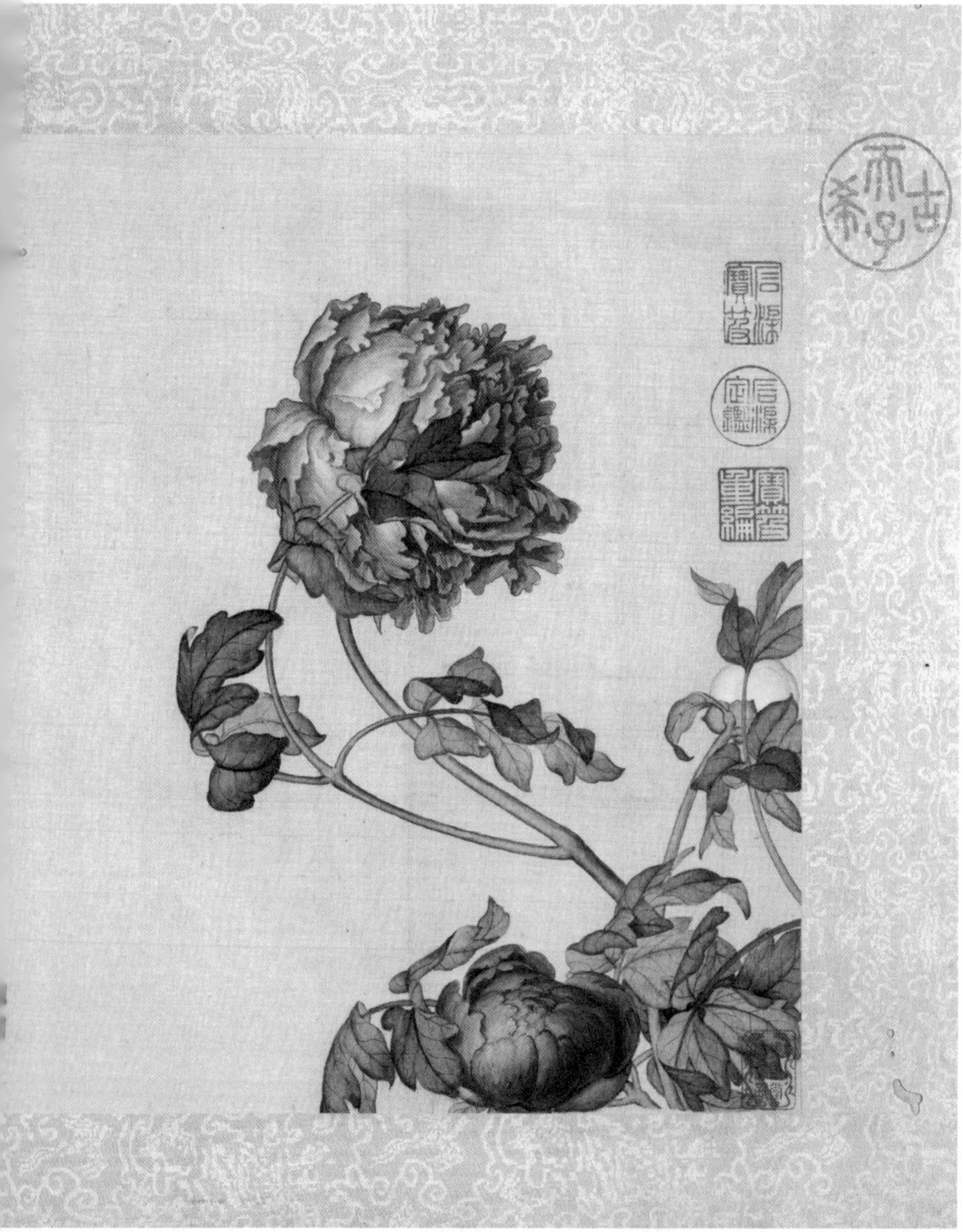

宫廷中最具代表性的西洋画家，就是意大利人郎世宁。他历任康、雍、乾三朝，乾隆皇帝对他喜爱有加。郎世宁擅长肖像、花鸟、走兽等，画法写实，曾尝试将西洋技法融入中国画之中。他的《花鸟图》

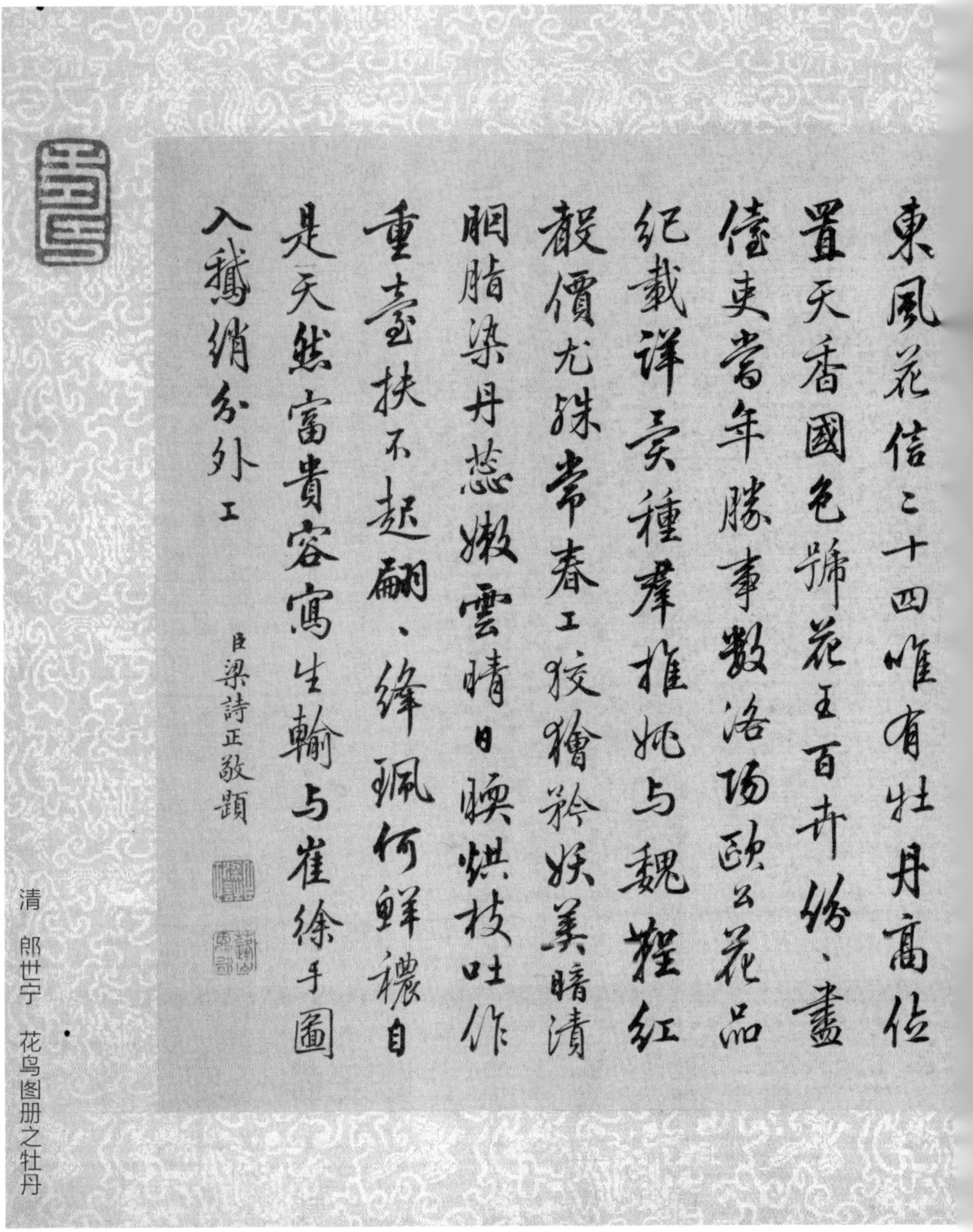

清 郎世宁 花鸟图册之牡丹

册之牡丹画法精工，色彩鲜艳，注重对物象的刻画，发挥西画中的明暗及透视特点，是一幅以西法为主，参用中法构图，有油画效果的绘画佳作。

颇受乾隆皇帝赏识的宫廷画师余省和其弟余穉自幼在其父余珣教诲下，工于花鸟写生，以笔法细腻、造型生动、设色清丽在当地小有名气。余省二十余岁时与余穉同至京城，与户部尚书兼内务府大臣海望等权贵结交，每每挥毫作画，乐不思乡。乾隆二年，四十六岁的余省被海望力荐入宫，从此在咸安宫画画处供职。他的《牡丹双绶图》轴绘苍松、湖石、牡丹、绶带鸟、吐绶鸡、水仙、菊花、竹，寓意富贵长寿、富贵吉祥，技法兼工带写，敷色鲜艳，形象逼真写实。

善于写真的郎世宁

郎世宁，意大利米兰人，原名朱塞佩·伽斯底里奥内。他青年时期受到系统的绘画训练，后来加入了欧洲基督教下属的宗教组织耶稣会，并于康熙五十三年以传教士的身份离开欧洲来到东方，次年抵达澳门，起汉名郎世宁，继而北上京师，随即于康熙晚期进入宫廷供职，开始了他长达数十年的中国宫廷艺术家生涯。郎世宁在清宫廷内为皇帝画了多幅表现当时重大事件的历史画，以及众多的人物肖像、走兽、花鸟画作品，还将欧洲的焦点透视画法介绍到中国，协助中国学者年希尧完成了叙述这一画法的著作《视学》，成为当时东西方文化交流的重要使者。乾隆三十一年六月初十日郎世宁在北京病逝，终年七十八岁。

清 余省
牡丹双绶图轴

清宫廷画师要投合皇帝的品味和喜好，词臣画家们也有意如此。钱维城为乾隆十年状元，官至刑部侍郎，初从陈书学写意折枝花果，供奉内廷。其《牡丹二十四种图》卷尽显清宫廷绘画富贵格调，二十四种牡丹名品被一一精心刻画，观之恍如置身园中赏花。董诰，乾隆二十八年进士，官至内阁大学士，兼礼部尚书，加太子太傅，秉承家学，花鸟画雅秀绝尘。《仿古四时花卉图》卷敷色妍丽，笔法兼工带写，

清　钱维城　牡丹二十四种图卷

清　汪承霈　万寿长春图册之牡丹

带有写生画谱功能。《花卉图》册之牡丹工细精致，追求「雅人深致」的艺术旨趣。汪承霈，乾隆十二年举人，官至兵部尚书，能书，善画山水、人物及花卉。《花卉图》册之牡丹，绘折枝牡丹，花姿娇美，笔法率逸。《万寿长春图》册中牡丹一页，绘牡丹、湖石，

花、叶采用没骨法，湖石以水墨逸笔皴擦，粗犷与细腻相映。福长安，官至户部尚书，其《绮序胪芳图》册中牡丹一页，绘折枝牡丹，笔法工致，设色明丽。

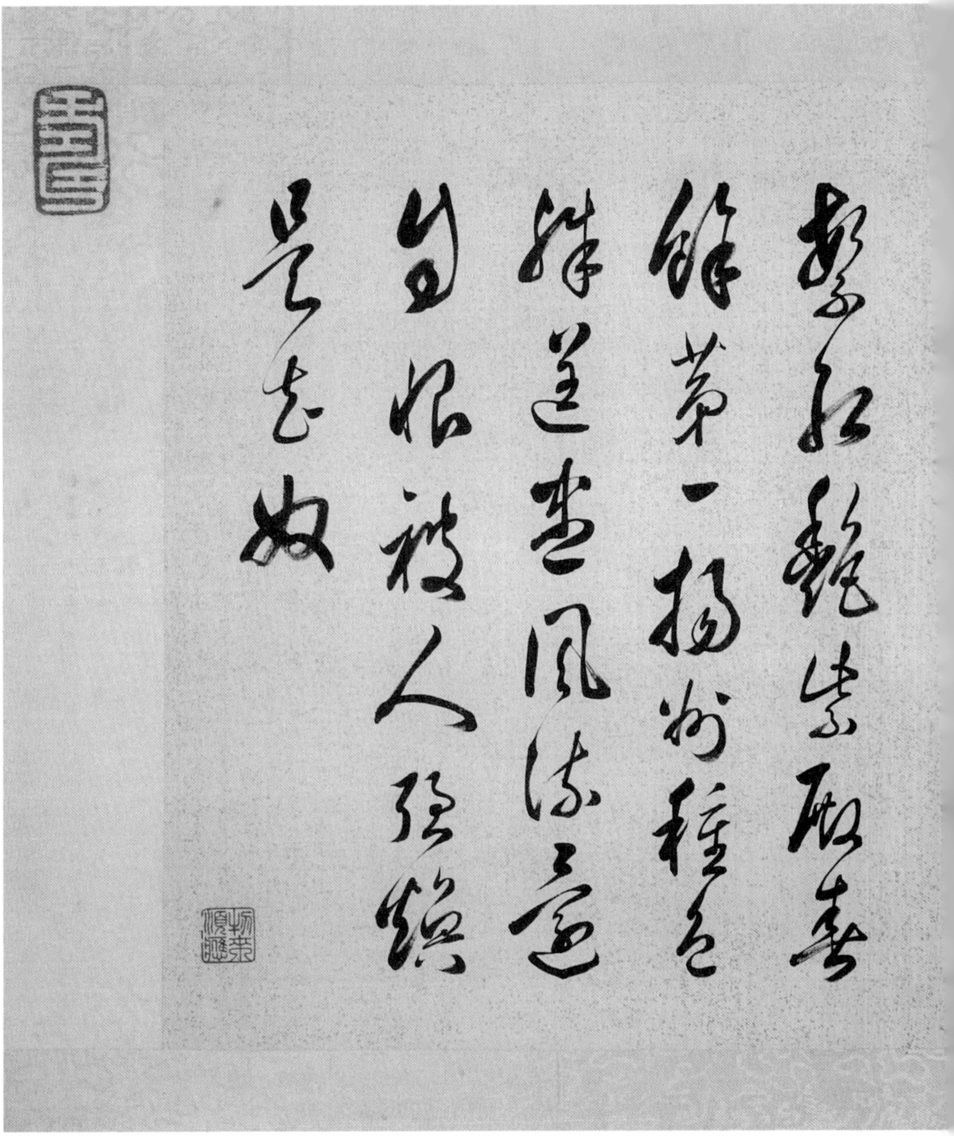

清　邹一桂　花卉图册之牡丹

清 福长安 绮序胪芳图册之牡丹

明清画家描绘的牡丹盛宴，虽已成为历史，但余香宛在。正如清代书画鉴藏家高士奇曾题恽寿平画时所讲：「每于读书困倦时倚囊展观，如步蔬篱野径一回。」

清　董诰　仿古四时花卉图卷

第二章

玩器

清雅妍美

中国人偏爱牡丹，以其代表大富大贵，寄托了美好的祝愿。在古代，寻常百姓家很少能种植牡丹，而帝王之家则大不相同，御苑之内，精心培育，奇花异种，应有尽有。若说牡丹只盛开于春日，则平日瓷器上逼真绚丽的牡丹纹样、玉器上异彩纷呈的牡丹装饰，则使得牡丹于宫苑之内，一年常开，四季不谢。

瓷照国色

雍正皇帝是一位功绩卓著的政治家，在他的治下江西景德镇御窑厂的陶瓷制造业有了长足的发展。此时的御窑厂继承了明代官窑的生产方式，皇帝派专人督理陶务，实行御器生产专供宫廷使用的政策，将瓷器生产数量和工艺水平提高到了一个历史的巅峰。雍正官窑生产的瓷器胎质细腻、釉色莹润、色彩绚丽、雕绘精工，在器型、釉色、纹饰上都达到了审美高峰。其中，雍正时期的粉彩瓷器更是取得了前所未有的成就。

清人绘 胤禛（雍正皇帝）行乐图轴及其局部

清人绘 胤禛（雍正皇帝）行乐图轴（局部）

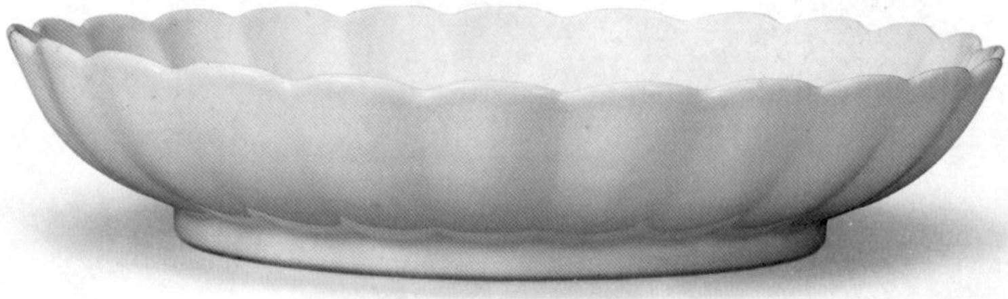

清雍正　粉彩牡丹纹菊瓣盘

艳丽清逸的粉彩

粉彩为釉上彩品种之一，创烧于康熙晚期，成熟于雍正、乾隆两代。粉彩在彩绘中以渲染表现明暗，使每一种颜色都有不同层次的变化。《饮流斋说瓷》中说：「软彩又名粉彩，谓彩色稍淡，有粉匀之也。硬彩华贵而深凝，粉彩艳丽而清逸。」粉彩的施绘工艺是用含砷的「玻璃白」打底，彩料用芸香油调和。乾隆时的清宫档案对粉彩则多称之为「洋彩」。

清雍正

粉彩牡丹纹菊瓣盘

清雍正
粉彩牡丹纹菊瓣盘

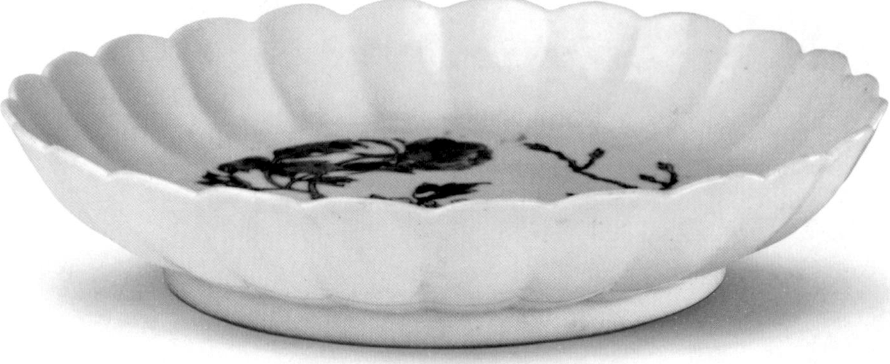

清雍正　粉彩牡丹纹菊瓣盘

清雍正　红地粉彩缠枝牡丹纹碗

清雍正　紫地粉彩花卉白里瓷酒盅

清雍正　粉彩过枝牡丹纹碗

登峰造极的珐琅彩

珐琅彩系彩瓷品种之一，是清代康熙晚期在康熙皇帝的授意下，将铜胎画珐琅技法成功地移植到瓷胎上而创烧的彩瓷新品种，以雍正、乾隆时期的产量最大。珐琅彩瓷器是专供帝后玩赏的艺术品，宫廷控制极为严格。制作它所需要的白瓷胎由景德镇御窑厂提供，运送到宫廷后，在皇帝的授意下，于内务府造办处珐琅作由宫廷画家精心彩绘，宫廷写字人题写诗句、署款，最后入炭炉经约六百摄氏度焙烧而成。珐琅料是一种人工烧炼的特殊彩料，雍正六年以前依赖欧洲进口，雍正六年以后，清宫造办处已能自炼二十余种珐琅料，而且色彩种类比进口彩料更为丰富，遂使珐琅彩瓷器的生产获得突飞猛进的发展。典型雍正、乾隆时期的珐琅彩瓷器是诗、书、画、印相结合的艺术珍品，是中国古代彩瓷工艺臻达顶峰时期的产物。

清雍正
珐琅彩雉鸡牡丹纹碗

清雍正　珐琅彩梅花牡丹纹碗

清雍正　珊瑚红地粉彩牡丹纹贯耳瓶

雍正粉彩瓷器的图案花纹与青花相比稍有不同。粉彩瓷器的图案花纹以花蝶图最多，牡丹较为普遍。例如粉彩海棠牡丹纹盘口瓶，瓶身满绘盛开的牡丹枝蔓，含苞待放的花蕾、婀娜多姿的花朵配以青翠的枝叶，一派生气勃勃、春意盎然的景象。此瓶造型美观别致，比例和谐，线条流畅，画面构图疏朗有致，色彩淡雅宜人，所绘花瓣及叶片的姿态变化丰富，甚有赏玩价值。胭脂红彩装饰的花朵染成深浅不同的颜色，花心部分色料最厚，从花心到花瓣边沿愈往外红色愈浅淡，彩料愈薄。相比之下，雍正青花瓷器上多见的传统的缠枝花卉在粉彩瓷器中比较少见。

清雍正　粉彩海棠牡丹纹盘口瓶

《陶雅》记载粉彩瓷器上的花卉装饰技法是「过枝」——「从此面以达于彼面，枝干相连，花叶相属之谓」，即盘、碗的图案花纹从器身到器盖，或从器里到器外壁连续彩绘烧成。一个图案，器里器外相连，使图案一半在器内，一半在器外，独具匠心。雍正粉彩瓷器上一般的过枝图案大多是牡丹、玉兰、桃实、茶树等，如粉彩过枝牡丹玉兰海棠纹大盘、过枝茶梅大盘等，皆为雍

清雍正　粉彩过枝牡丹玉兰海棠纹大盘

正粉彩之精品。这种大器烧制难度大，流传下来的器物很少，因此尤为珍贵。

粉彩过枝牡丹玉兰海棠纹大盘，外底心有「大清雍正年制」青花楷书款。花纹以白釉为地，从盘外壁延及内壁直至盘心，通体绘牡丹、玉兰、海棠花，使盘的内外纹饰构成了一幅完美和谐的广阔画面。画中枝干为淡褐色，用深褐色的细线条勾描，使枝干显得更加茁壮刚劲。雍正时期的牡丹多作圆形盛开状，同时在其周围常绘以菊花、玉兰、灵芝等其他花卉。此盘合绘牡丹、玉兰、海棠花等，寓意玉堂富贵。绘画采用写实手法，吸取了工笔花卉的技艺，工整严谨，布局协调。整个画面线条纤细，层次清晰，光泽柔和，运笔自然流畅，具有强烈的立体感。

瓷器上以牡丹为装饰题材始于宋代。明清时期瓷器上的牡丹装饰更加多样，绘画技法日趋娴熟，色彩极其丰富，尤以雍正粉彩最为突出，达到了登峰造极的地步。

从实物看，绝大多数雍正粉彩器，都以白釉为地施彩，

清人绘　胤禛（雍正皇帝）妃行乐图轴（十二轴选一）

清雍正
粉彩雉鸡牡丹纹盘

加绘青花的极少。由于此时白瓷制作质量极高，胎薄体轻，胎釉似玉般温润细腻，更能突出线条纤细、色彩柔和的没骨画纹饰。这种工艺独特的所谓「没骨」花卉，旧时俗称「雍正彩」，画面上的花瓣与叶片都无轮廓线，花瓣之间留有极细的空隙，花瓣的胭脂红色彩颇凝厚，叶片平填大绿或水绿色，花瓣、叶片明暗变化不大。这类作品的绘制是在器物上定好图稿后，用植物性颜色代替珠明料勾勒花叶轮廓，在轮

廓线内填绘彩料，烤烧后彩料凝固在瓷胎上，轮廓线则挥发不见痕迹，最后形成好像不用勾勒全用彩料绘成的「没骨花」。粉彩雉鸡牡丹纹盘，盘心以雉鸡为主体，衬以牡丹、玉兰、山石，雉鸡栖于山石之上，绘工精致，纹饰晶莹透明，色彩娇艳，层次分明，有清代画家蒋廷锡花鸟画风。雉鸡作欲啄状，身上有难以数清的各色鲜艳羽毛，绚烂夺目。山石周围以鹅黄、浅黄、浅绿、翠绿、大红、粉红、赭褐等色绘各种花草，其中三朵婀娜多姿的牡丹花，两朵盛开，一朵含苞待放。瓷画上，牡丹花枝繁叶茂，雉鸡栩栩如生。此盘装饰风格及绘画图案非常接近康熙五彩瓷，尤其口沿处一圈锦地开光纹饰，在康熙五彩器中极为多见，因此此盘可看作雍正早期器物。

玉映天香

牡丹，自古即被视为富贵之花。牡丹花开，艳压群芳，被誉为花中之王。以牡丹为装饰题材的器物，深受国人喜爱，千百年来，已形成独具特色的牡丹纹装饰艺术。玉器上的牡丹纹最早出现于唐代。唐代以后，玉器的品种结构、装饰风格、使用方式较之以前有了很大的变化。品类更为丰富，题

清　碧玉盆玉石牡丹盆景

材更为多样，造型和装饰纹样也发生了很大的改变，减少了程式化和神秘色彩，更多地以形象生动的花鸟、人物、动物为装饰。大量写实的花、鸟、虫、鱼造型和纹饰的出现，成为唐代玉器的显著特点。

故宫博物院现藏以牡丹为装饰题材的玉石器二百件左右，早起唐代，晚至清代。唐、

清　錾胎珐琅菱花式盆玉石牡丹盆景

宋时期以花形玉佩饰为主，元代则以龙穿牡丹、凤衔牡丹为主题的炉顶最多，明代以带饰、玉牌等佩饰为主，装饰题材也多为龙凤与牡丹的组合。到了清代，尤其是乾隆时期，则以炉、瓶、盒、洗、花熏、花插等兼具实用与陈设功能的牡丹纹器具居多，佩饰较少。这一时期除了继续沿用宋元以来的龙凤牡丹题材以外，也有牡丹与灵禽的组合，以及牡丹与其他花卉的组合，更为丰富多样。

陈设类玉器是指放置于桌、案、架等处供人

明　白玉透雕双龙捧寿纹长方插屏

观赏的玉器。此类玉器自唐代发展起来，至明清时期达到鼎盛。故宫博物院藏陈设类玉器种类繁多，以牡丹纹为装饰题材的陈设类玉器大多为小件器物，主要用于室内陈设。故宫博物院藏有一件明代白玉透雕双龙捧寿纹长方插屏，在牡丹纹与龙纹的基础上增加了祝寿的寓意。整器采用镂空双层透雕技法，上层下方雕一朵盛开的牡丹花，花瓣托起一个镂空团寿字，花与字的两侧各镂雕一龙，龙身细长，轮形爪，龙首上部各有一「万」字，下层为镂雕几何纹锦地。

玉花插是陈设类玉器中的一大类别，明代已有，多呈筒状。清代样式较多，其中以树桩形较为典型。故宫博物院藏有一件清代翡翠树桩形花鸟纹花插，呈青绿色，局部呈深绿及黄褐色。花插外壁镂雕牡丹花枝，枝上立

清　翡翠树桩形花鸟纹花插及其局部

着禽鸟。此件花插以整块翡翠琢制而成，所用翠料有较高的透明度，色彩丰富艳丽，雕琢工艺细致。

如意，又称握君、执友或谈柄，是清代宫廷的重要陈设品，宝座、案头、卧榻、书阁处处可见其身影。故宫博物院藏青白玉浮雕龙凤牡丹纹灵芝式如意，青白玉质，有瑕斑。首部浅浮雕一大二小三朵灵芝、火焰珠及两只蝙蝠。柄身采用深浮雕与局部镂雕的工艺，雕刻云龙戏珠及凤衔牡丹，间饰小朵灵芝。云龙盘绕于柄，龙背起脊，周身满布阴刻龙鳞。凤眼阴刻，眼线细长柔美。

清　青白玉浮雕龙凤牡丹纹灵芝式如意及其局部

英国人眼中的如意

乾隆皇帝在《平定准噶尔方略》中这样定义如意：「此名如意，乃克遂心愿之谓。」因为如意有如此吉祥美善的寓意故而宫中「处处座之旁，率常陈如意」。乾隆皇帝对如意十分喜爱，在宫廷绘画中，他常常以手持如意的形象出现，甚至将如意作为国礼赏赐给前来觐见的英国使节马嘎尔尼，但马嘎尔尼在日记中却讲，皇帝所赐的如意是「像白色玛瑙的石头，长约一尺半，有奇怪的雕刻，中国人视为珍宝，但物件本身看来并无多大价值」。

清　丁观鹏、郎世宁等合绘
弘历（乾隆皇帝）雪景行乐图轴

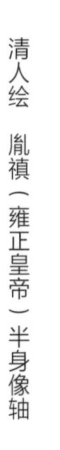

清人绘　胤禛（雍正皇帝）半身像轴

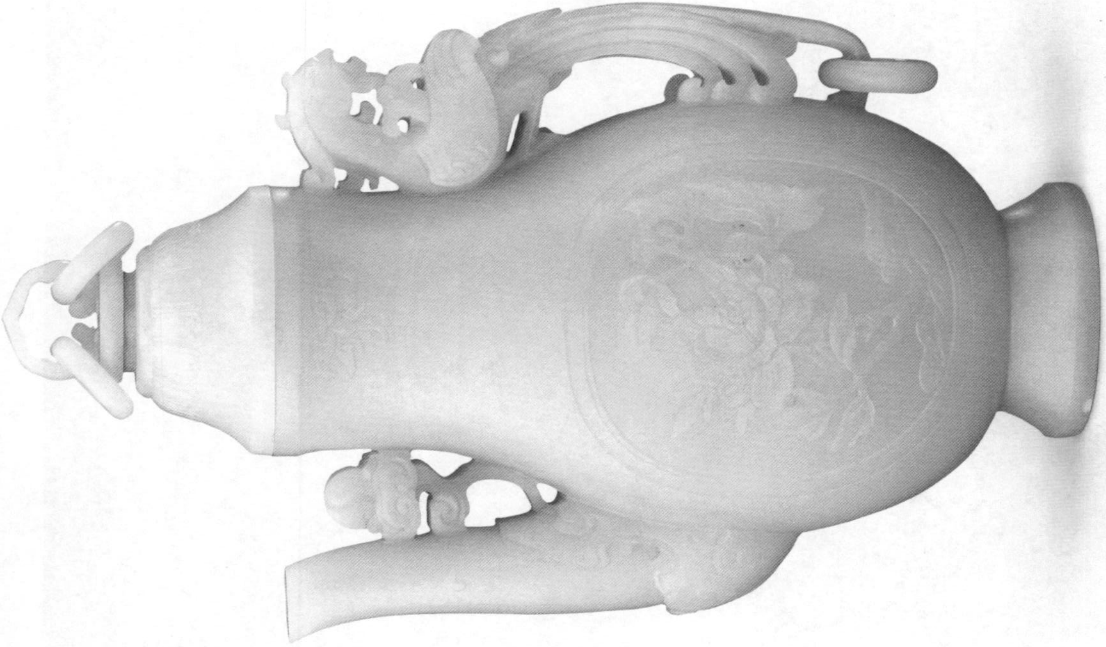

清　青玉开光花卉纹凤柄双活环带盖执壶

壶体扁而高，盖与壶口呈插接式，盖钮为镂空如意形，套二活环，钮下饰一周莲瓣纹。壶颈部饰变形莲花纹，腹部有椭圆形开光，开光内浮雕牡丹、山石、灵芝等图案。壶流为兽吞式，流柱自兽口中接出，流与颈间雕阴阳太极纹，下托祥云。壶柄为一全身栖凤，回首，凤尾下套一活环。此件玉壶的设计水平较高，将传统的莲瓣、牡丹等图案饰于壶体，构思新颖，琢制精良，造型优美。此件玉壶本应属于饮食器皿，但未见使用痕，且壶盖高大易脱落，不实用，似偏重于陈设把玩，应为一件按照实用器设计的陈设品。

清　碧玉花卉福寿纹如意

如意首部浅浮雕圆寿字，饰勾云边，并镂雕一只蝙蝠。柄部浮雕牡丹、野菊、桃枝与灵芝纹。

牡丹花纹饰在唐代玉器上首次出现，并常装饰在佩饰上。这一时期的牡丹花纹大多造型简练写实，富于变化，主要作为器物的辅助装饰，所占位置不是很突出。

唐　白玉透雕双凤牡丹纹佩饰

佩饰呈花瓣状，正面微凸，镂雕双凤于盛开的牡丹花中穿行。背面平磨，仅留镂空痕迹。凤饰玉器很早就已出现，但凤与花草，特别是与牡丹花组合雕刻在一器者始于唐代。凤凰为鸟中之王，牡丹为花中之王，凤穿牡丹有富贵、祥瑞、美好之寓意。

宋　白玉透雕牡丹凤纹佩饰

佩饰为白玉质，局部略有褐色皮沁。整休呈扁平圭形，镂雕一只孔雀立于石上，左右各有鹤、海东青、雉鸡、鹭鸶各一，间缀牡丹和山石。背部平，有镂空可供镶嵌之用。玉佩上所刻五种禽鸟，又称「五伦图」，所谓「五伦」，又称「五常」，是中国古代社会君臣、父子、夫妻、兄弟和朋友间所应遵循的道德伦理。

至宋代，玉器中花卉题材的作品较之前有所发展，出现了较多的花形玉器。所见有花形玉片，近似于圆雕的花形玉坠，还有花果形玉杯等。作品多用镂雕技巧，且不再局限于平面穿透，而向立体化、多层次发展。花叶大、间隙小、结构简练，是宋代玉雕花卉的显著特点。

元　青玉透雕龙穿牡丹纹嵌饰

此件嵌饰透雕一舞行于牡丹花间的龙。龙圆眼宽眉，双细角，作回首状，细颈长头，身饰鳞纹，爪上部有粗短的节状纹。

明代玉佩饰构图简练，线条流畅，雕刻手法圆熟刚劲，不拘小节，磨制时多注意表面，往往忽视细部，处理上比较草率。对于牡丹纹饰的使用，在继承前代的基础上有所丰富。

明　白玉镂雕蟠龙穿牡丹纹长方带饰

此件带饰整体采用多层镂雕的方法，琢一只蟠龙舞行于两朵牡丹花间，两侧又各镂雕一龙。这种多层镂雕、呈片状的玉带饰，是明代玉带饰中的典型器物。

清代牡丹纹饰在玉佩饰上的使用相比之前虽然少了很多，但佩饰所用玉料更为优质，工艺更为精良。

清　白玉凸雕缠枝花手镯

镯以优质和阗白玉琢制而成，外壁侧面边缘阴刻回纹一周，表面浅浮雕牡丹花叶纹一周，其中有牡丹花六朵，花朵怒放，花叶簇拥。

清乾隆　白玉十二月令组佩

此组玉佩为清宫旧藏。

玉质洁白莹润，为整块玉剖琢而成，雕工精致，设计独特。单个月令佩均为花瓣形，周饰勾云纹，十二件月令佩又可组成花朵形状。十二件花瓣形佩，一面分别琢梅花、杏花、桃花、芍药（应为牡丹）、石榴、荷花、秋葵、桂花、菊花、芙蓉花、山茶花、水仙花，另一面琢与花卉相呼应的阳文篆字。其中背面琢篆体「芍药翻红」四字的玉佩经笔者考证正面所雕花卉并非芍药，而是折枝牡丹花。牡丹与芍药二者同科同属，花形相似，花期相近，区别是叶片的形态与颜色。此件玉佩所雕花卉，以叶片造型判断应为牡丹无疑。

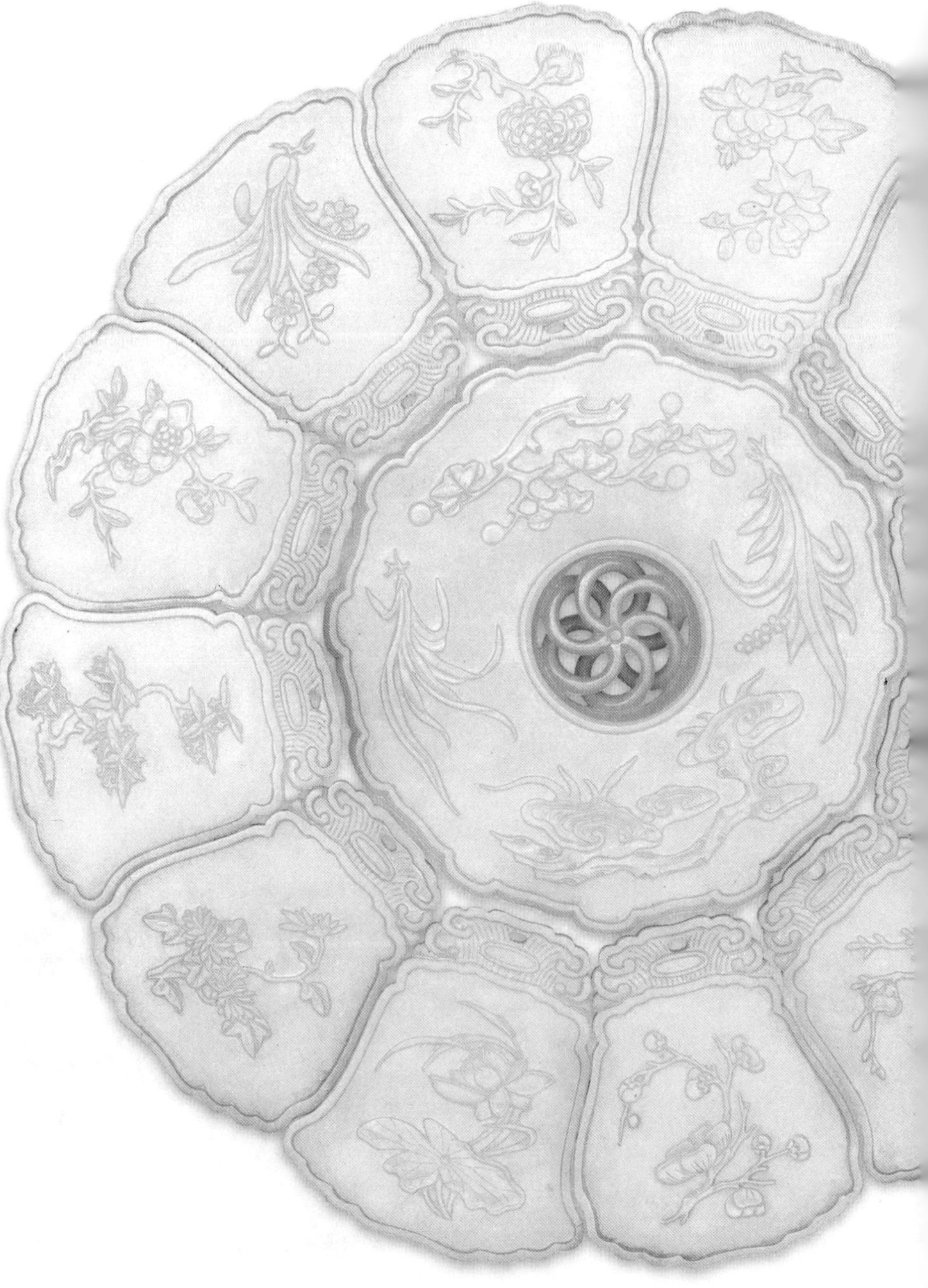

玉质器皿在隋唐以前较为少见，唐宋以后数量有所增加。到了明代，玉器皿发展非常显著，成为明代玉器的代表器物。其中，尤以造型各异、雕琢细致的玉杯最具特色。清代，玉质器皿的品类、数量和琢制工艺均达到鼎盛。

宋至元　白玉龙柄葵花式杯
杯的玉料呈暗白色，风化严重。玉杯为五瓣葵花形，高浮雕一只夔龙，龙口衔杯沿，前爪亦攀于杯沿，龙身长而曲，前半身环作杯柄，后半身环于杯外壁。龙身旁浮雕牡丹花叶纹。龙穿牡丹题材在宋元时期的工艺品中使用较多，但大多用于玉佩饰，器皿上的龙穿牡丹纹较为少见。

明　青玉六方执壶

执壶作六棱形，盖顶镂雕一螭，盖面随器身分为六面，上各雕荷花、竹叶等纹。器身亦为六面，各饰牡丹、梅、菊、石榴等吉祥花卉纹，并刻篆书「寿」字。兽吞式壶柄和流，柄端和盖顶处各有金属残链一段，原应相连。壶口沿饰回纹一周，足亦为六棱形，饰卷草纹。

明宣德　青玉缠枝牡丹纹碗

碗撇口圈足，内口沿阴刻回纹一周，外沿及足上部各阴刻弦纹一周，其间浅浮雕四朵盛开的牡丹和菊花纹。碗形似明代宣德时期的瓷碗或漆碗。

明　青玉寿字花卉纹碗

此碗旧藏永寿宫。碗内壁光素无纹，内底隐起篆书「寿」字，外壁浅浮雕加阴刻牡丹、菊花等四朵连枝花卉。花朵盛开，花叶翻卷有致，形态逼真，栩栩如生。

清　碧玉透雕牡丹纹盖碗式花熏
此件花熏旧藏慈宁宫东跨院。全器除底部外均镂雕盛开的牡丹和翻卷有致的枝叶纹。

清代宫廷玉器的使用空前繁荣，但以牡丹为装饰题材的玉质器皿较之前朝并没有十分明显的增加，唯设计更为精巧，工艺更为精湛。

香熏是一种在明清宫廷中较为常见的器皿，尤以玉质为多，有多种造型。此外，盒也是一种在明清宫廷中较为常见的器皿，其中也不乏牡丹纹装饰的玉质精品。

清　碧玉嵌白玉龙凤穿牡丹纹圆盒

此件圆盒原藏养心殿。盒口沿饰回纹一周，外壁浮雕曲带形纹。盖与盒体相对应，口沿亦饰回纹，四周饰曲带纹。盖面镶嵌圆形白玉一片，镂雕穿花龙凤纹，龙爪前有火珠，周围琢山石、孔雀、鹭鸶、绶带鸟等纹饰。

清　碧玉透雕牡丹纹圆盒

此件圆盒整器透雕牡丹花叶纹。器盖顶镂雕七朵牡丹花，盖壁及器腹分别镂雕牡丹花。云形足五个，镂雕花叶云纹。此器牡丹花虽多，但花叶翻转交错，繁而不乱。

清　白玉四螭耳洗

此洗螭耳下各装饰兽面纹，兽面下延至器底，兽口各衔一长方形器足。玉洗内底浮雕一枝盛开的牡丹花。

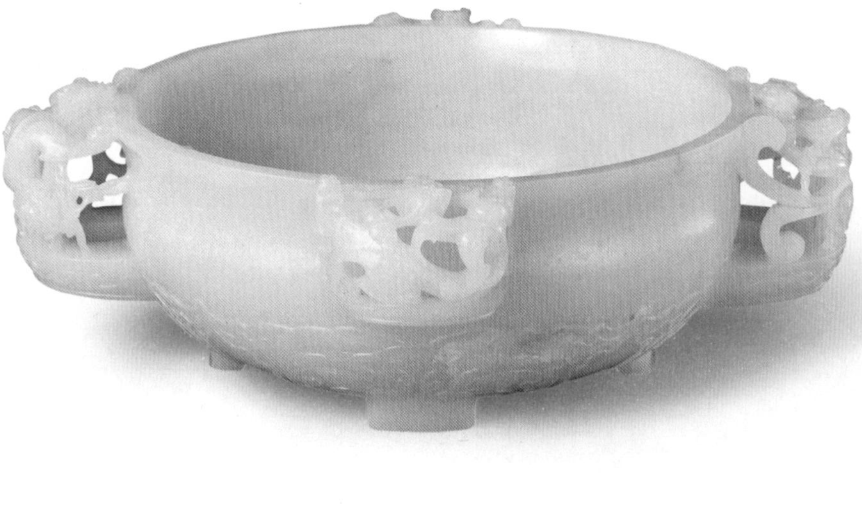

文玩类玉器，包括文房用具、棋子、炉瓶盒三事、书卷盒、印章、微型或小型玉雕等。这些文玩玉器造型各异、琢制精细，可用亦可赏。

清　青玉凤衔牡丹式水丞

此件水丞以整块青玉琢一卧凤，凤回首，口衔折枝牡丹，造型十分生动，纹饰精美而华丽。

清早期　白玉刻绶带鸟牡丹纹臂搁

臂搁呈书卷形。器面浮雕山石、牡丹纹，一只禽鸟栖于山石上，口衔长绶，飘送上方，寓富贵长寿之意。背面阴刻行书诗文「瑞应翔鸣天下福，长垂寿带祝无疆」，末署「松雪」，并阴刻「子昂」二方印。看得出来皇帝极为喜欢这件臂搁，特命工匠制木架承托，做成雅致的插屏，置于书案，可谓赏心悦目之雅伴。

清　碧玉炉瓶盒三事

玉质炉瓶盒三事兴起于清代，在清代宫廷中十分常见。所谓炉瓶盒三事，是指香炉、香箸瓶和香盒三件为一组的器物。香炉为焚香所用，香盒是盛放香料的器皿，香箸瓶用来插焚香所用的筷子、香匙等物。此套碧玉炉瓶盒三事，以牡丹和仿古元素为题材，置于书房、厅、堂的几案上，袅袅轻烟，清玩雅致。

玉器上的牡丹纹饰自唐代产生，一直沿用至清代，在不同的时期表现手法不尽相同，呈现出不同的艺术特点。究其原因，与各时期玉料供应、琢玉行业兴衰、统治者喜好，以及社会审美趋向的变化等因素有关。就玉器装饰纹样而言，牡丹纹饰的使用高峰期在唐、宋及明代，尤其是在这一时期的玉佩饰上最为多见。到了玉雕艺术最为鼎盛的清代，牡丹纹饰反而较少使用，除了上述几个原因以外，或许还与服饰

清　碧玉花耳活环浮雕花卉纹盖炉
此件盖炉旧藏玉粹轩。
盖顶处凸起镂雕缠枝牡丹纹钮，
盖面浅浮雕一周牡丹枝叶纹，
盖沿、口沿饰回纹，
腹部浅浮雕方折夔龙纹，
两侧各有一菊花耳，各垂活环，
下部近足处饰一周如意纹。

制度的改革有关。清朝定鼎以后，改变了以往汉人的服饰制度，提倡以满族服饰为本，废除乌纱、常服和玉带，内廷及官员服饰用玉与前朝相比均有了较大的变化。因此，故宫博物院现藏的清代牡丹纹玉器多见于陈设或器皿类玉器，佩玉极少。

第三章

赏织绣

大气雍容

故宫博物院珍藏有众多以牡丹为装饰主题的文物。其中，书画中的牡丹，无论是传神的写真，还是纵情的写意，均各具特色，美不胜收。器物上的牡丹，与珍禽异兽、奇花异草组合，被赋予了美好的寓意与祝愿，繁复热烈。而织绣上的牡丹，既富贵雍容又柔美多姿，装饰在各种宫廷服饰之上，倍显花开富贵的气象，华美之相毕现，更添不凡气质。

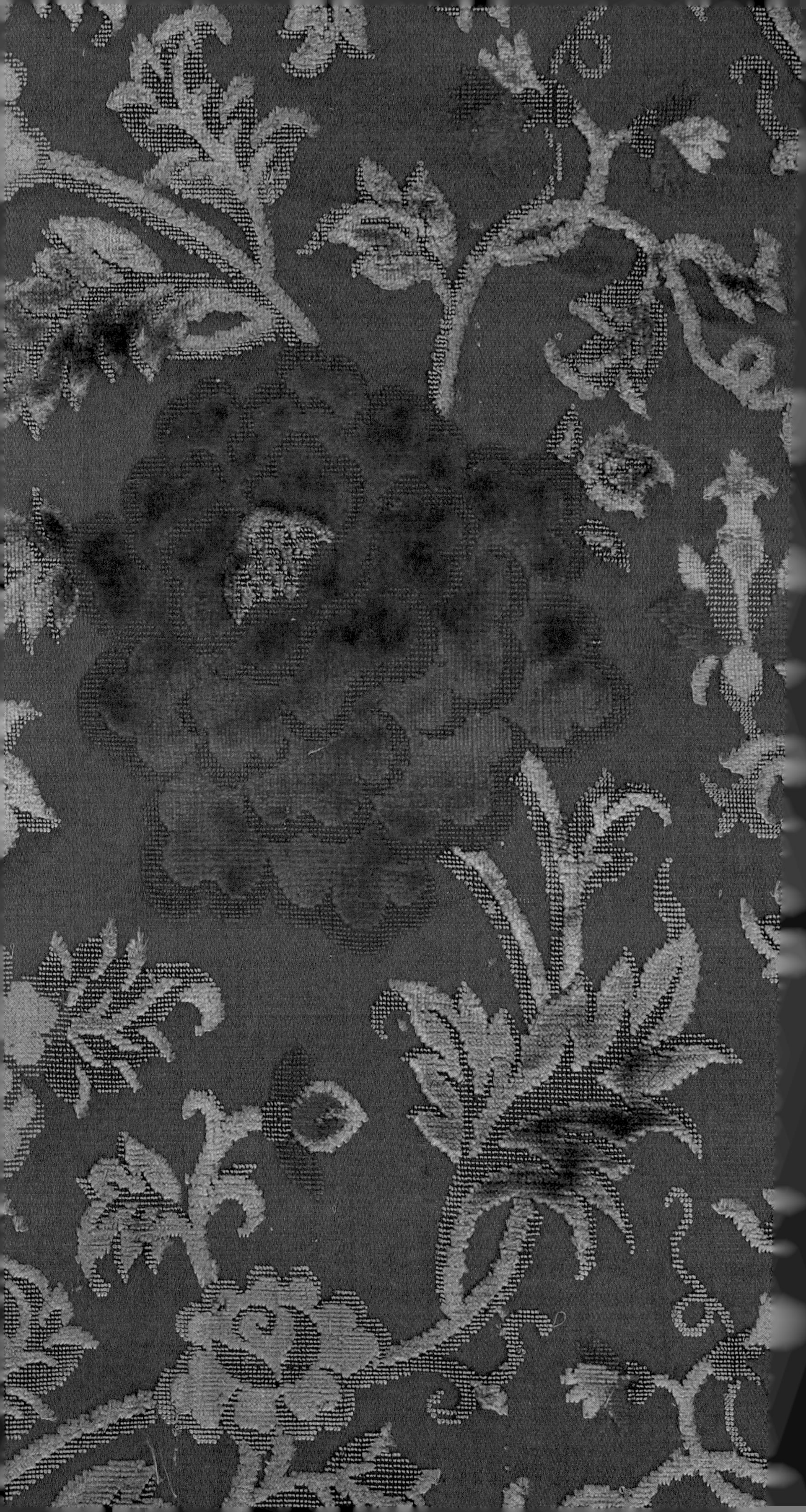

浓芳织就

牡丹雍容华贵、富丽端庄、芳香浓郁，素有国色天香、花中之王的美誉，一直被人们视为富贵吉祥、繁荣兴旺的象征。牡丹又是中国传统艺术表现的重要主题之一，依据牡丹形态创造的纹样是中国服饰中常用的吉祥纹样。牡丹纹吉

祥富贵的寓意，使其深受上至帝王将相下至士庶百姓的广泛喜爱。但由于特定的使用对象和使用环境，明清宫廷织物中的牡丹纹与一般民间织物上的牡丹纹相比，设计更为讲究，具有皇家气派。

专为宫廷制作丝织品的织造机构——江南织造

江南织造即江南三织造，是清代宫廷设在江宁、苏州、杭州三处专为「上用」、「官用」制作衣物匹料的织造机构，由清官总管内务府衙门管辖。我国自周代始历代都有专为皇宫营造服饰用品的机构。在江宁营建皇家织造始于元代，明、清两代沿袭。清代江宁织造是清顺治二年清军占领江南后在明朝织造旧有的基础上建立起来的，后又陆续营建苏州织造和杭州织造。其官员全由皇帝亲自委派，多为亲信要员。

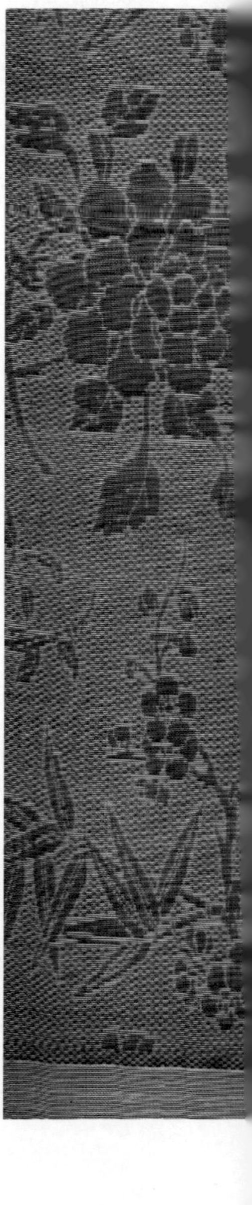

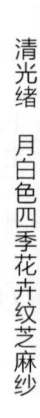

清光绪　月白色四季花卉纹芝麻纱

自然界中的牡丹有红色、绿色、粉色、紫色、黑色、白色、黄色、蓝色和复色九大色系，花朵形态有单瓣型、荷花型、菊花型、托桂型、蔷薇型、金环型、皇冠型、绣球型和台阁型九类花型，其中只有符合皇家氛围的牡丹才能被选中，成为纹样设计的依据。各种牡丹纹中，具象风格者，通过模仿牡丹客观物象进行表达，如月白色四季花卉纹芝麻纱，十分写实；抽象风格者，以点、

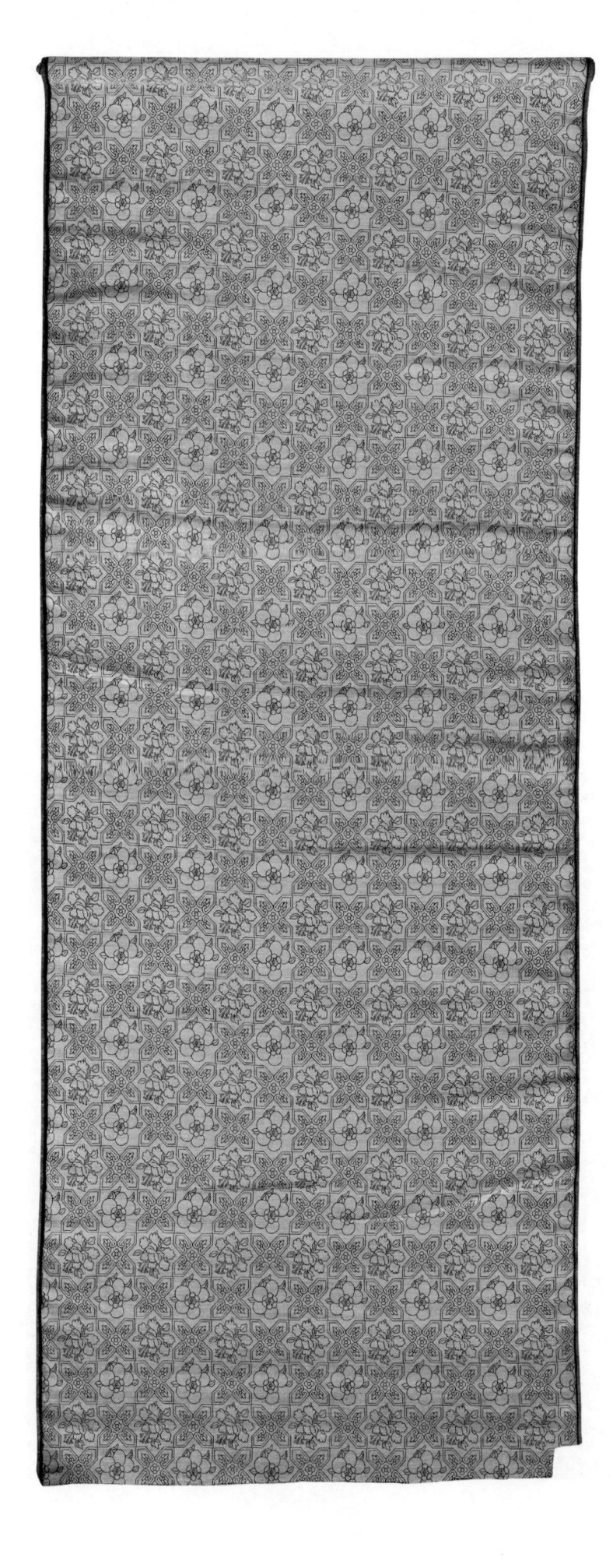

清光绪　青色四合牡丹海棠纹织金缎及其局部

线、面等基本要素塑造牡丹形象，如青色四合牡丹海棠纹织金缎，简洁清晰，意象风格者，不羁绊于客观实感，主观上尽情创造，重视装饰和图案效果，如蓝色地盘绦花卉纹锦裱片，装饰意味十足。

明万历　蓝色地盘绦花卉纹锦裱片及其局部

宫廷牡丹以具象写实风格者占大多数，雍容富丽、婉雅秀逸、柔媚纤浓、朴厚端庄是比较常见的风格。雍容富丽如品蓝色缠枝牡丹纹妆花缎，华丽雍容；婉雅秀逸如蓝色暗八仙牡丹纹二色缎怀挡料，线条自然流畅、灵活生动；柔媚纤浓如玫瑰红色缠枝牡丹纹漳缎，纤巧细腻、浓郁艳丽；朴厚端庄如绿色地粉色凤戏牡丹纹闪缎裱片，质朴简素。

清光绪　蓝色暗八仙牡丹纹二色缎怀挡料

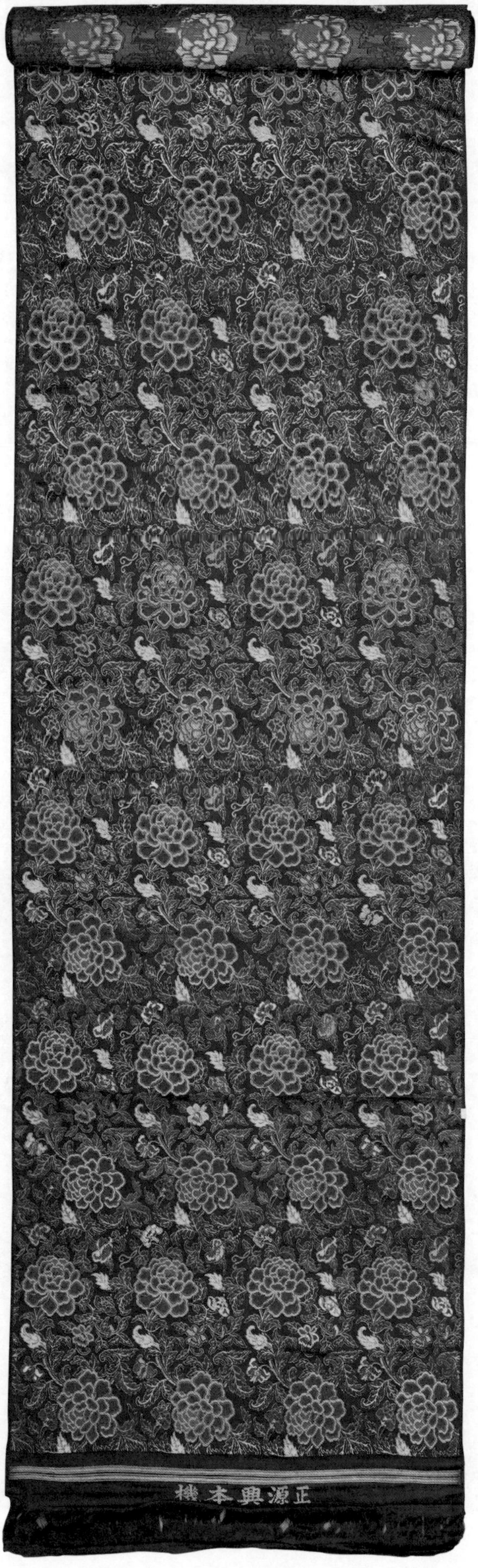

清道光　品蓝色缠枝牡丹纹妆花缎

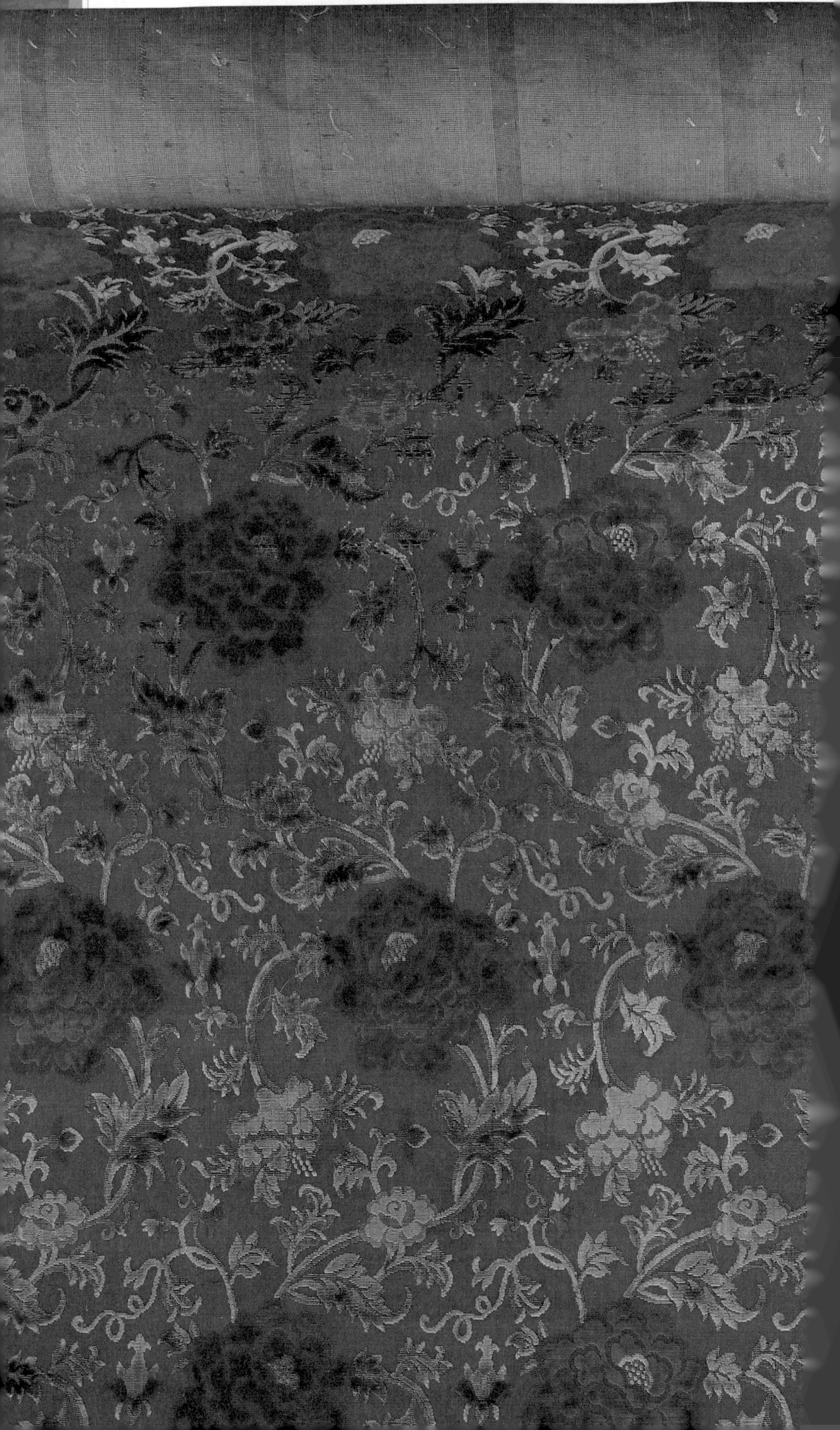

清代的绒毛织物——漳缎

漳缎是一种起绒丝织物，因福建漳州是其著名的产地而得名。其织法是先用起绒杆将经线织成毛圈，然后在织物上绘花，再根据需要把图案处的绒圈割断，形成紧密簇立、色泽柔和的绒毛，利用绒圈与绒毛的不同纹理显现花纹，具有花、地光度反差较强的装饰效果。

清乾隆　玫瑰红色缠枝牡丹纹漳缎（局部）

牡丹纹样塑造的重点是花、叶和姿态。牡丹属球状花，独头花者，纹样中都会分清正侧；双头花者，一般会交代好两个花头的对称、向背关系；多头花者，则会采取有主有副，横向或者是树状排列。

牡丹花冠由蒂、瓣、蕊三部分组成。蒂在花梗的顶端，包括花托和花萼。花冠有筒、碗、球等状。花瓣分舌、管、针、圆等形。瓣生于托萼交接处，由花片组成，依花片数目，

明万历　绿色地粉色凤戏牡丹纹闪缎裱片

明万历　黄色缠枝牡丹莲纹妆花缎裱片

有单瓣和复瓣花之分。木花以五瓣为多，如梅、杏、桃、李、梨、茶等。花王牡丹，不与众花同类，其花瓣有塔形、楼台形等，兼具圆而丰、扁而阔、长而秀的形态。纹样设计中，对于牡丹中的平顶长瓣者，要求花蕊要向四周延展呈放射状排列，花瓣细长不卷，花形平坦；对于高顶攒尖者，要求内层花瓣聚拢，外层开放，花蕊较少显露。

清道光　葱绿色牡丹桃纹花绸（局部）

花纹中花之姿态有含蕊、将放、初放和全放，花之方向有正面、侧面、反侧和背面，花头朝向还可细分上仰、下偃、朝左和向右，以增强动态之感。至于叶的尖圆肥瘦、正反卷折，枝的分歧、穿插与回折，设计图案时都会注意，但不是重点，如葱绿色牡丹桃纹花绸，枝叶与花相搭配，并不喧宾夺主。

吉祥主题无外福、禄、寿、喜、财几种内涵，牡丹与不同纹饰组合，通过象征、比拟、隐喻、谐音和寓意等手法，以表达特定的内涵。

与动物纹的搭配，有雉鸡牡丹（吉祥富贵）、凤穿牡丹（美好祥瑞）、大象牡丹（富贵有象）等，如品蓝色蝶报富贵纹妆花缎，彩蝶流连牡丹之间，有捷报富贵之意。

与植物纹的搭配，有菊（富贵长寿）、莲（连年富贵）、海棠（富贵满堂）等，如湖色

清光绪　品蓝色蝶报富贵纹妆花缎及其局部

地粉红兰堂富贵纹闪缎怀挡，牡丹与玉兰、海棠组合，取玉堂富贵之意。

与吉祥纹的搭配，有万字纹（万代富贵）、团寿（富贵长寿）、暗八仙（富贵长寿）等，如大红色八仙富贵万寿纹妆花缎，牡丹以「万」字为底，花中有「寿」字，层次分明、主题突出。

清光绪　湖色地粉红兰堂富贵纹闪缎怀挡及其局部

工艺复杂、色彩丰富的妆花工艺

妆花是云锦中的一种特殊工艺，用其织造的织物属于提花丝织品，有妆花缎、妆花绢、妆花罗、妆花纱等。其特点是织造工艺复杂，色彩多而变化丰富。织造方法是用各种颜色的级管对花纹的各个局部做通经断纬的挖花妆彩，因而织物的背面有彩色抛绒（或称回梭绒）。因其彩纬多，故织料较厚重。

清道光　大红色八仙富贵万寿纹妆花缎及其局部

团花

团有圆满之意。团花由一种或几种花卉，采用对称或不平衡的形式组合成圆形纹样。团花分大团花和小团花（皮球花），其结构主要有中心式和均衡式两种。中心式以圆心为中心，向外作层层发散的装饰，如宝蓝色地富

贵如意织金天华锦，牡丹花瓣丰密，圆如灯盏。均衡式可由折枝或缠枝花组合成圆形纹样，结构自由，变化丰富。其中有以S形、涡旋形或中轴线来布置分割装饰区的，再分别填充纹样，如蓝色暗八仙牡丹纹二色缎怀挡料，牡丹花枝婉雅秀逸，回旋得势。

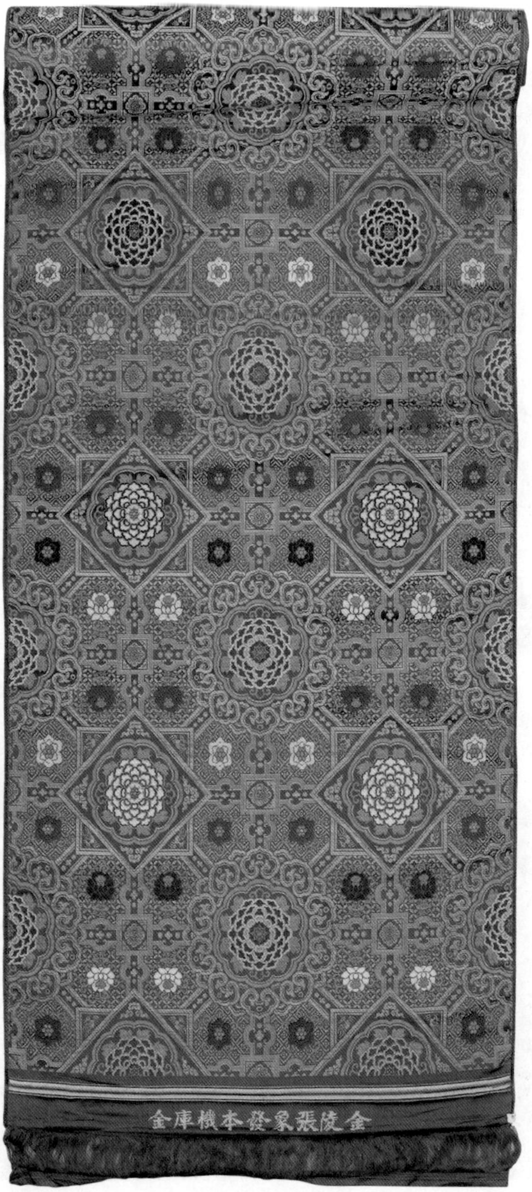

清光绪　宝蓝色地富贵如意织金天华锦及其局部

折枝

折枝是从花卉植物上截取花枝，上有花头、花苞和叶子的纹样。此种式样比较注重花和枝的配合，折枝牡丹花纹在明清发展很快，多用于御幅或二则大花纹单位，如紫色牡丹团寿纹妆花缎，牡丹身姿舒展，曲颈含羞。折

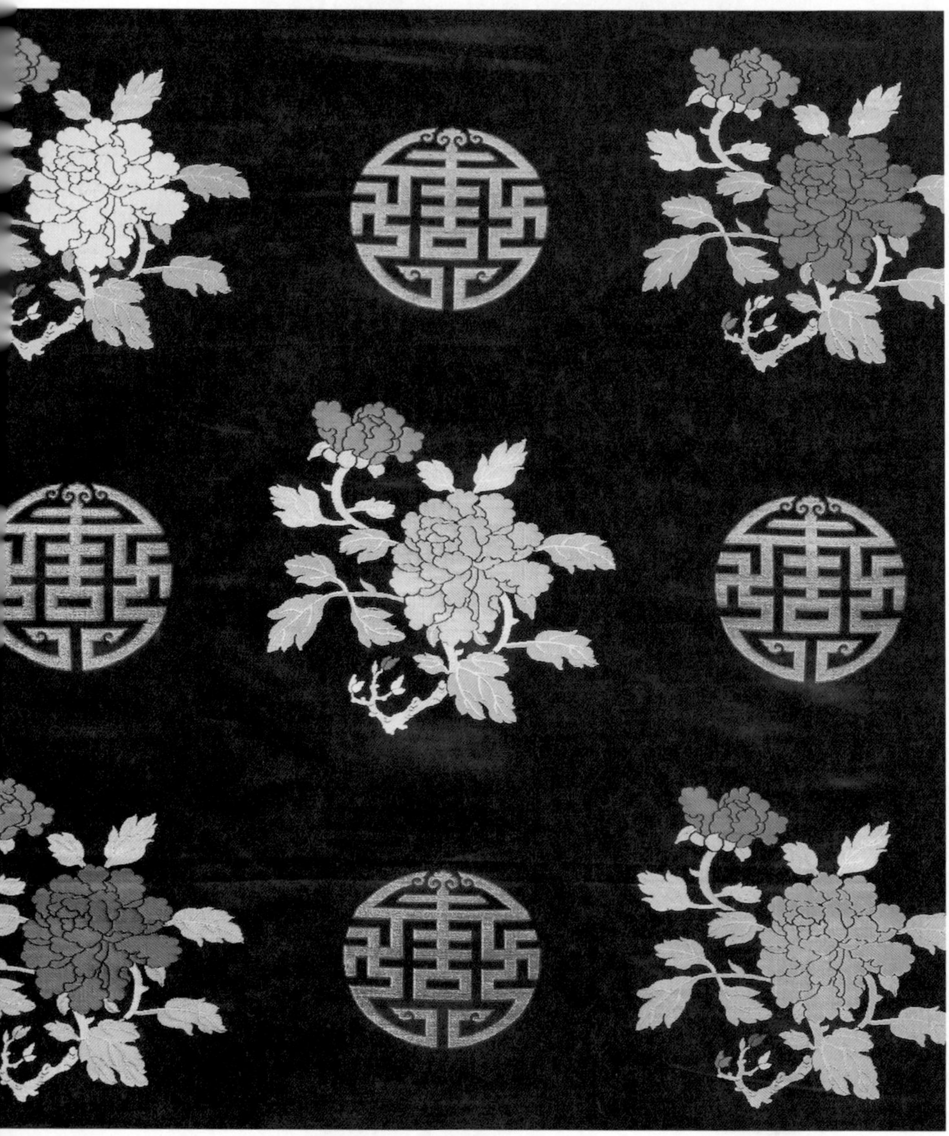

清同治　紫色牡丹团寿纹妆花缎

清同治　葱绿色牡丹竹燕纹二色缎

枝中的突出代表是「一条龙」，即一幅花卉图案布满整件衣服，如葱绿色牡丹竹燕纹二色缎，牡丹枝叶俯仰自如，生动有情。

串枝

串枝是以波状枝藤为基础，由花叶枝藤串式排列组成的纹样。其基本特征是枝梗对主题花头的串连，纹样循环后气势立显，如红色地串枝牡丹水波纹织金锦。

清同治　红色地串枝牡丹水波纹织金锦

缠枝

缠枝是以回旋形、涡旋形等枝茎样式，配以叶片、花朵或果实的纹样。其构图多为S形，如黄色地缠枝牡丹纹织金锦，灵巧的枝藤与秀美的牡丹花苞穿插，形状富于变化，节奏优美。

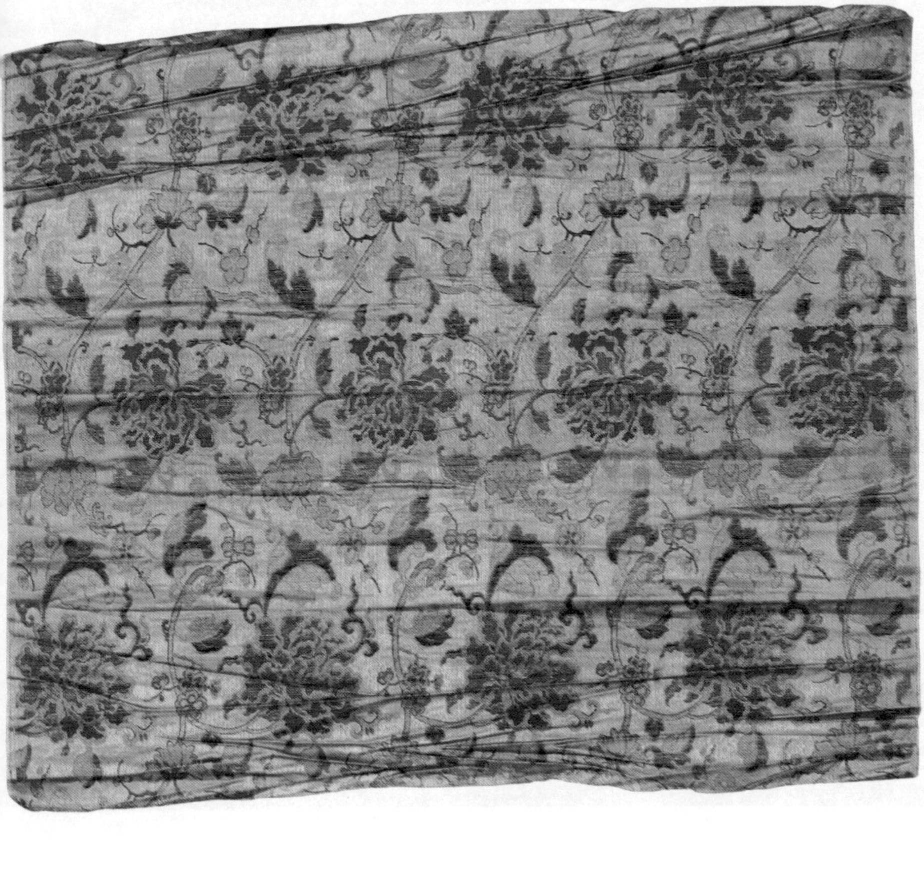

清雍正　黄色地缠枝牡丹纹织金锦及其局部

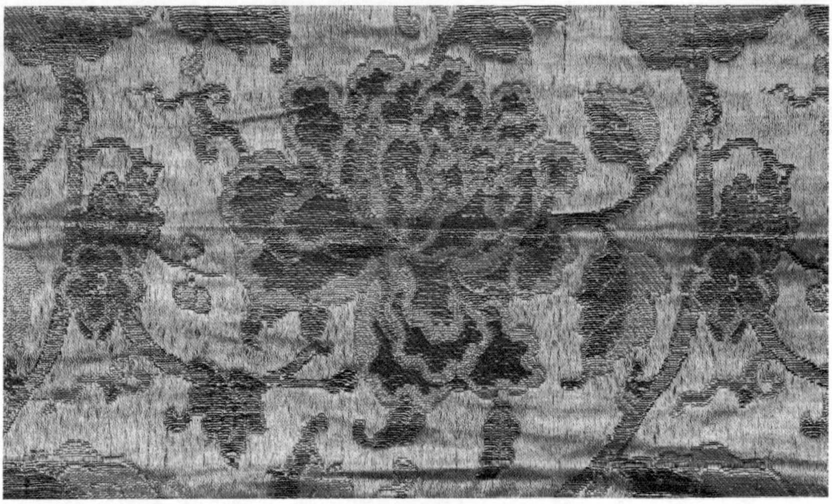

中国艺术史上「黄家富贵，徐熙野逸」是两种不同的风格。作为富贵花的牡丹，在宫廷图案上的出现自然多于梅兰竹菊等君子之花。君子花清贫，为士大夫知识阶层的高雅追求。富贵花世俗，追求的是色彩的艳丽，因此为大多数人所喜爱。在中国古代帝王权贵的心目中，他们喜爱的纹饰，象征了权威、等级和财富。而百花之王牡丹，以它特有的富丽、华贵和丰茂，成为繁荣昌盛、幸福和平的象征。明清宫廷织绣图案中的牡丹，在富贵的形色中也让人品味到野逸的趣味——深沉凝重与华美秀丽的结合，表明了明清统治者希望江山地位永久，同时又搏富贵与野逸为一体，追求高雅的审美趣味。

玉蕊裁成

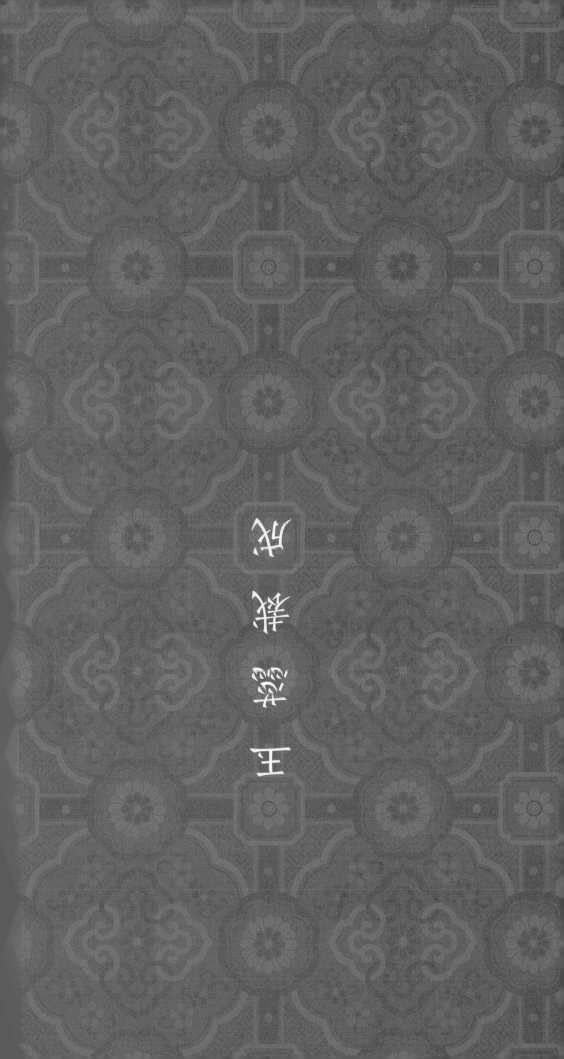

清代是我国历史上最后一个封建王朝，也是服饰制度最庞杂、最繁琐，等级最严格的一个朝代。清代的服饰制度既吸收了汉族传统的冠服制度，又保持了满族服饰的一些特点。按照穿着的不同场合和用途，清代的宫廷服饰可以分为礼服、吉服、常服、行服、便服。

清人绘　孝钦皇后（慈禧）吉服像轴

从故宫博物院所收藏的大量清代宫廷服饰看，清代各时期服饰形制与纹样风格各具特色。清早期，服饰的风格大多延续明末特征；康乾盛世国力鼎盛，冠服制度更加完善，该时期的服饰大多色彩艳丽、纹样明快、工艺精湛；清晚期国力渐衰，服饰的制作工艺、纹

清　慈禧吉服像旧影

饰色彩的运用都大不如前，但融入了更多具有民间和西洋色彩的纹样元素，并多以写实的手法细腻刻画，纹样风格繁复，显得更加艳丽华贵。但无论时代潮流怎样变化，宫廷服饰中永远少不了对花卉纹的运用。

清宫后妃服饰中，象征富贵吉祥的牡丹花随处可见，串枝、缠枝、折枝、团花等等，形式多样。除此之外也有牡丹花与其他不同花卉的各种组合，利用谐音或隐喻来表现其

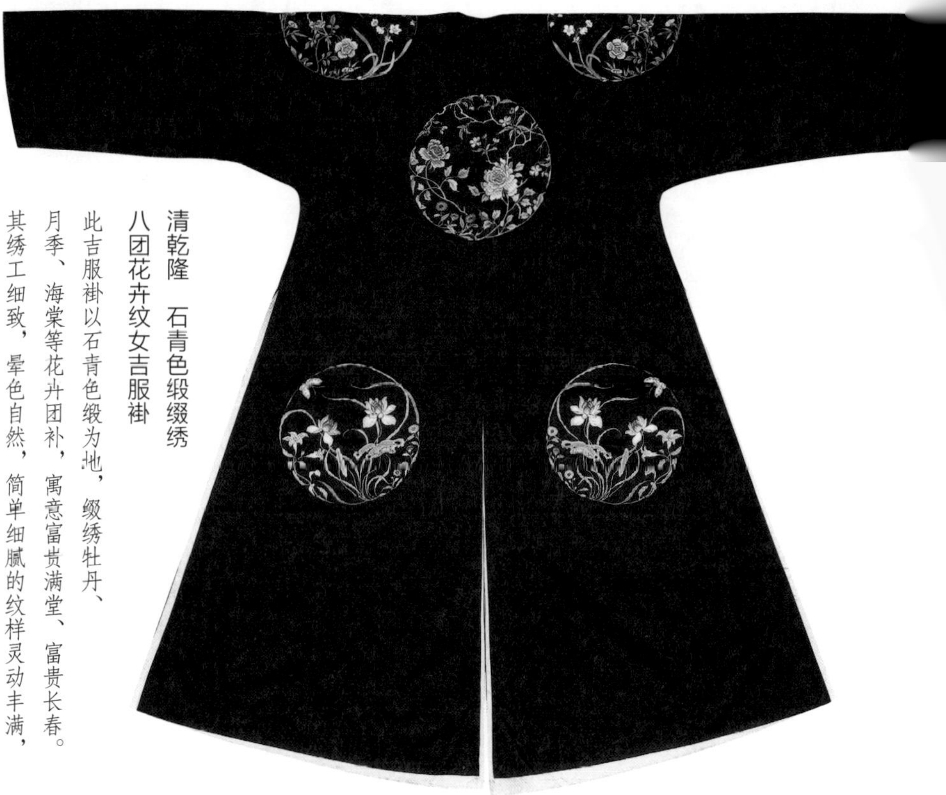

清乾隆　石青色缎缀绣八团花卉纹女吉服褂

此吉服褂以石青色缎为地，缀绣牡丹、月季、海棠等花卉团补，寓意富贵满堂、富贵长春。其绣工细致，晕色自然，简单细腻的纹样灵动丰满，整体处理得自然协调，宾显皇家端庄典雅的风范。

特殊寓意，如牡丹与蝴蝶组合寓意富贵无敌；与水仙、灵芝、蝙蝠等纹样组合，又寓意玉堂富贵、富贵三多；与石榴花、菊花、梅花、海棠组合寓意富贵长寿、多子满堂；与海棠、月季一起还寓意富贵满堂、富贵长春；搭配五色祥云、团寿字、桃子又寓意富贵长寿；与瓶组合寓意富贵平安。独立的牡丹团花或缠枝牡丹，则有富贵团圆、富贵万年之意。如此多样的组合形式可见牡丹纹样在清代服饰中受重视程度。

牡丹花卉纹大部分被运用在便服中，但是在少数的制度服饰中也有出现，如吉服。

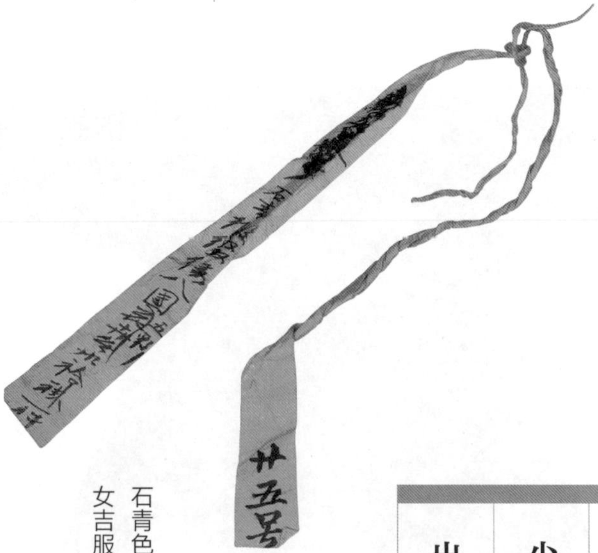

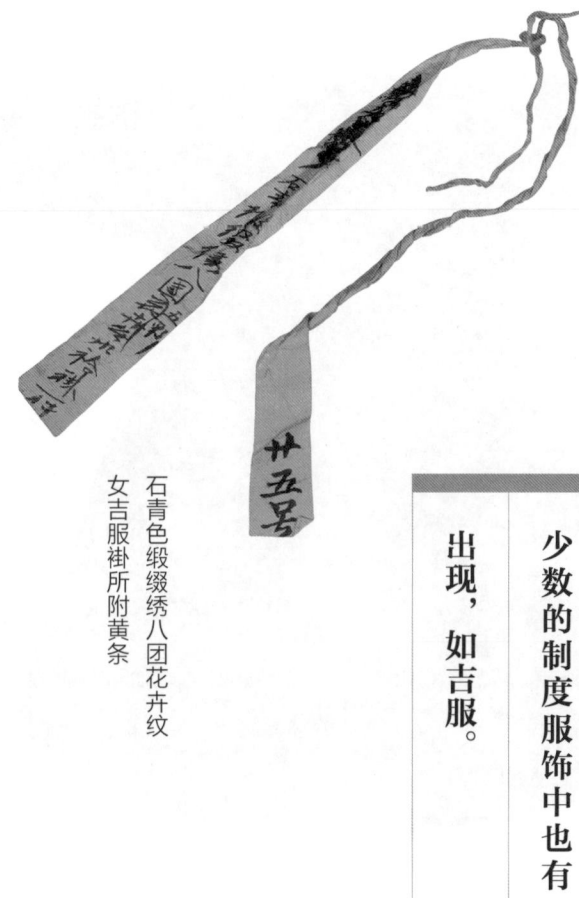

石青色缎缀绣八团花卉纹女吉服褂所附黄条

清乾隆　石青色缎缀绣八团花卉纹女吉服褂（局部）

花团锦簇的清代女吉服

吉服是清代仅次于朝服的礼服，为清代帝后在庆寿、大婚、宴席以及祭祀等活动前后所穿。后妃吉服主要包括吉服褂和吉服袍。吉服褂即龙褂，为石青色、圆领、平袖、对襟的直身式褂，通常与同纹样的吉服袍配套穿着。吉服袍即龙袍、蟒袍，圆领、马蹄袖、大襟右衽、直身式。此外，吉服又称为彩服、花衣，因其纹样除采用常见的彩云金龙纹以外，在不超出制度的前提下，也会根据穿着者的爱好或花衣期的不同需要，使用其他富有吉祥美好寓意的纹样，而牡丹花纹多以辅助纹样运用于吉服装饰中。

清咸丰　石青色纳纱八团牡丹纹女吉服褂

该吉服褂为清代后妃夏季时所穿着。此吉服以石青色直径纱为地，纱孔规矩细密，整体通透挺括，夏季穿着凉爽舒适。装饰的八团纹样中以牡丹花为主体，配以蝴蝶及其他花卉，在八团间又饰以牡丹、绣球花、荷花、水仙等四季花卉（寓意四季富贵）和蝴蝶纹样。丰盈多彩的花卉在石青色纱地的映衬下璀璨生辉，生动地平衡了石青色地的沉郁，更显活力。此件吉服褂做工精湛，图案空间处理得当，花纹生动且富于韵味，晕色自然，是清晚期纳纱绣的精品。

清咸丰　石青色纳纱八团牡丹纹女吉服褂（局部）

清乾隆　香色纱缀绣八团牡丹夔凤纹女吉服袍

此件女袍以香色实地纱为面，将单独绣制好的牡丹夔凤纹圆补缀绣在纱面上，共八团，并以石青色纱地绣制彩云金龙纹为领袖边。牡丹夔凤纹是女式吉服袍中常用的吉祥图案，寓夫妻富贵、幸福美满之意。细致的绣工、鲜艳的色彩，再辅以金线勾边，令图案更为突出。花纹两两相对，具有很强的装饰性，是乾隆时期刺绣的佳作。

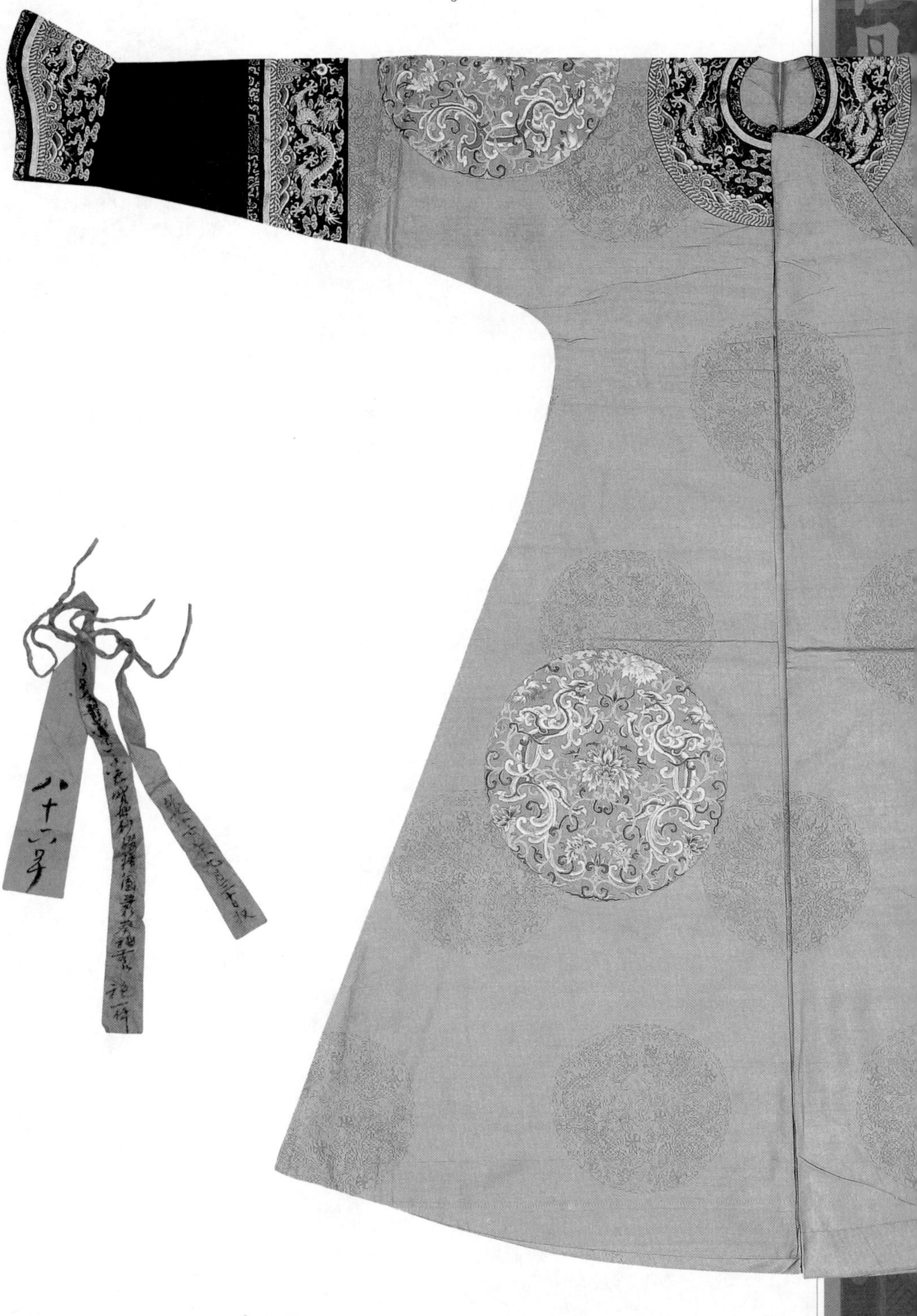

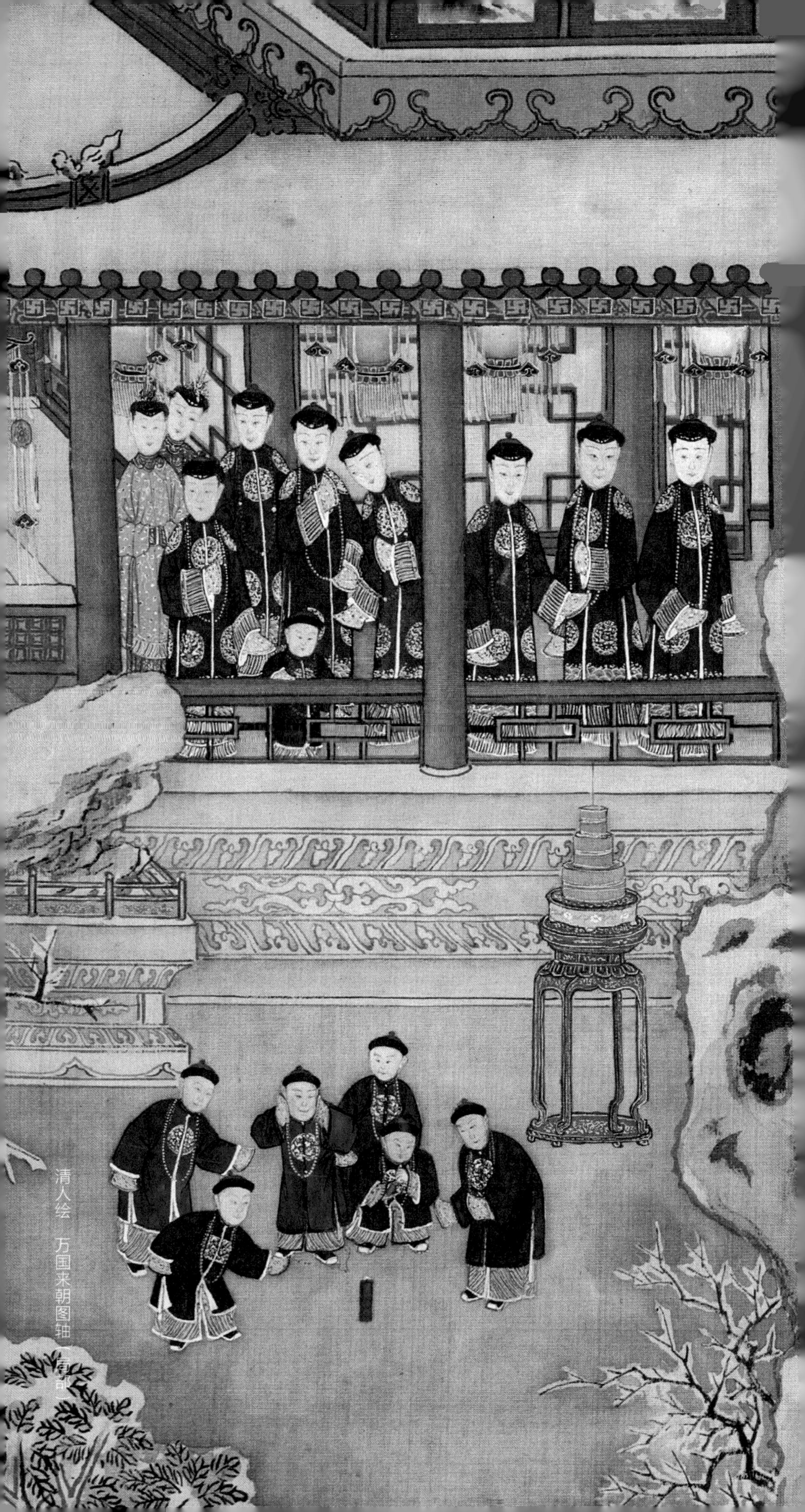

清人绘　万国来朝图轴（局部）

清乾隆　香色纱缀绣八团牡丹夔凤纹女吉服袍

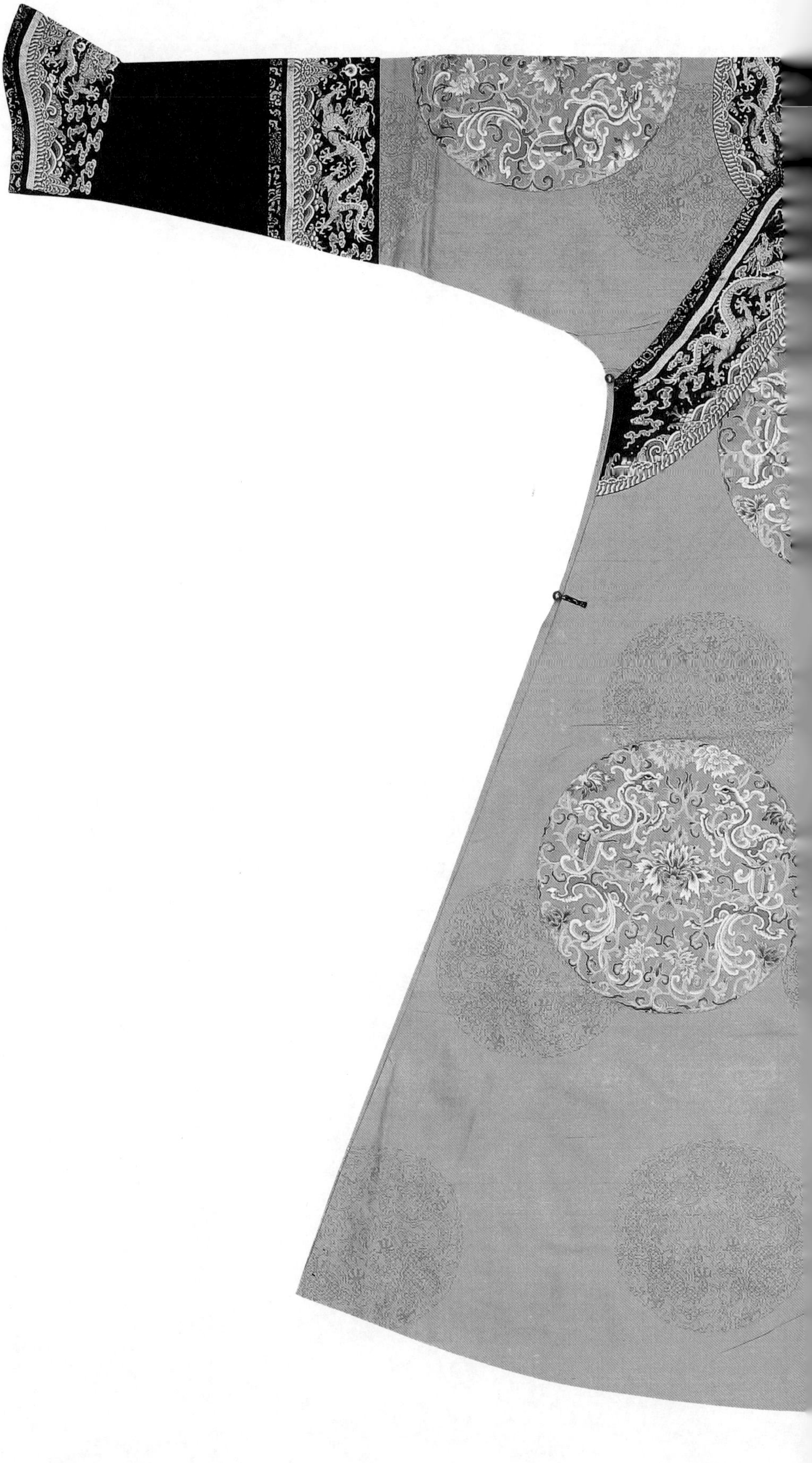

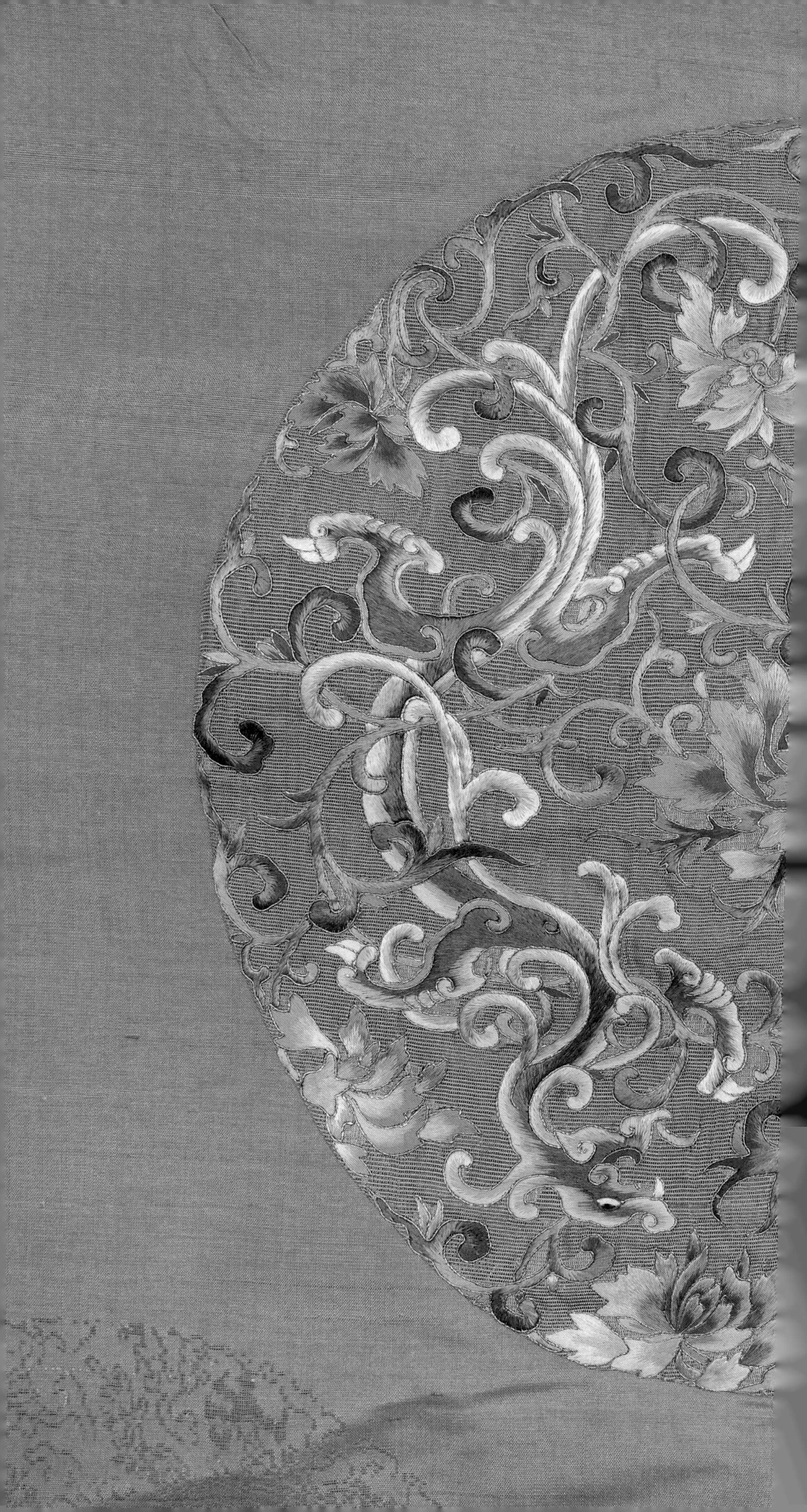

清人绘 弘历（乾隆皇帝）塞宴四事横轴（局部）

清乾隆　藕荷色纱缀绣

八团金夔龙庆寿纹女吉服袍

此件女袍以藕荷色实地纱为面，将单独绣制好的金夔龙牡丹团寿纹圆补缀绣于纱面上，并以石青色纱地绣制彩云蝙蝠团纹为领袖边。绣工细腻，色彩搭配简单又不失华丽，造型别致，装饰性强，很好地凸显了衣饰纹样的主题。

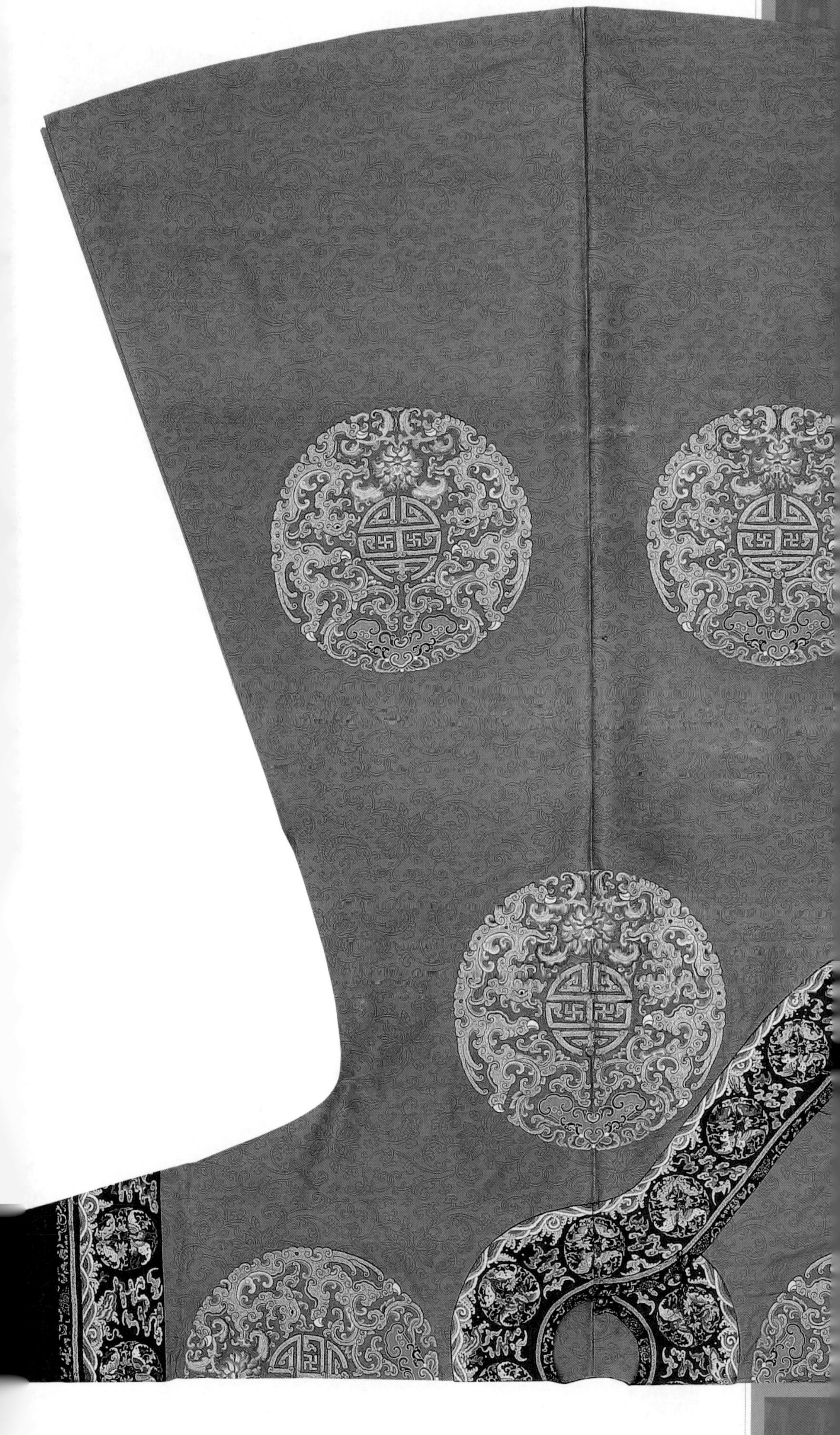

清乾隆　浅绿色缎绣博古花卉纹女吉服袍

此吉服袍以浅绿色缎为地，五彩丝线绣制六种不同形制的花瓶、罐等博古器物与牡丹、海棠、桃花、罂粟花、梅花、菊花等十余种四季花卉纹，其间用各种姿态的蝴蝶加以点缀，寓意富贵平安。领袖边皆以石青色缎绣串枝牡丹纹为镶边。整体花纹秀丽古朴，设色淡雅，极具写实效果，且绣织工丽，布局得当，是乾隆时期苏绣的典型作品。

綠緞綉花夾襯袍一件

清乾隆　浅绿色缎绣博古花卉纹女吉服袍（局部）

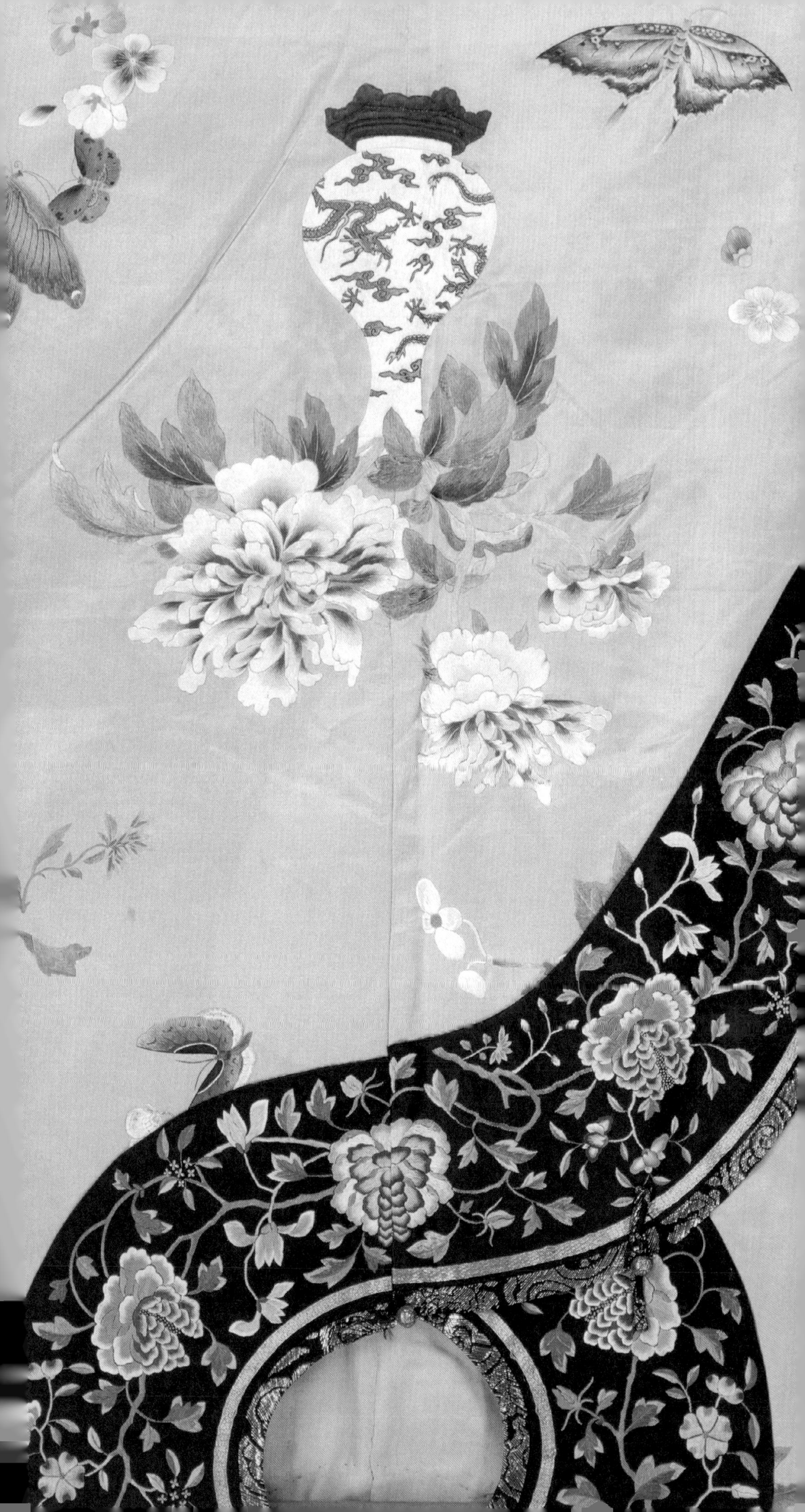

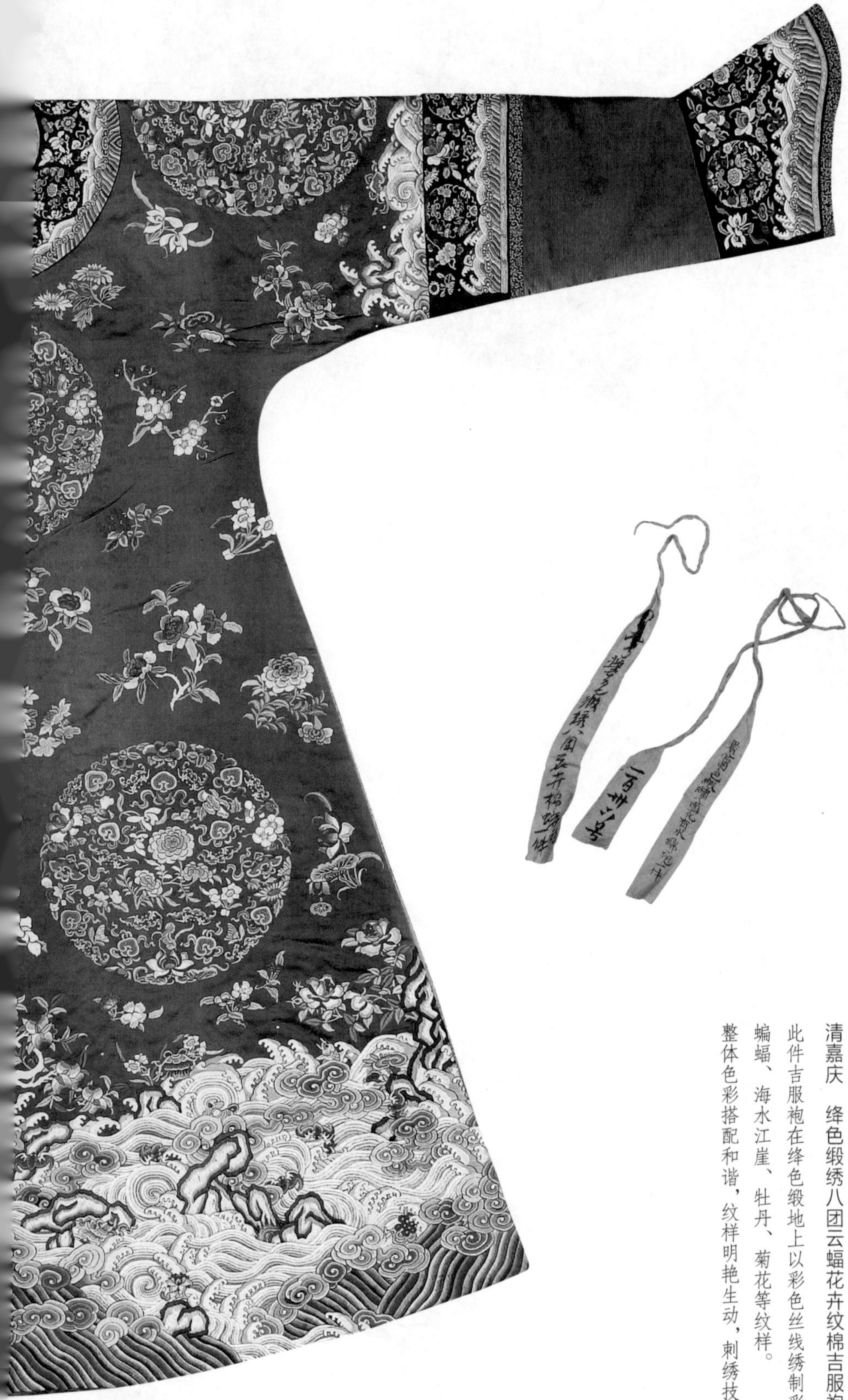

清嘉庆　绛色缎绣八团云蝠花卉纹棉吉服袍

此件吉服袍在绛色缎地上以彩色丝线绣制彩云、蝙蝠、海水江崖、牡丹、菊花等纹样。整体色彩搭配和谐，纹样明艳生动，刺绣技艺精湛。

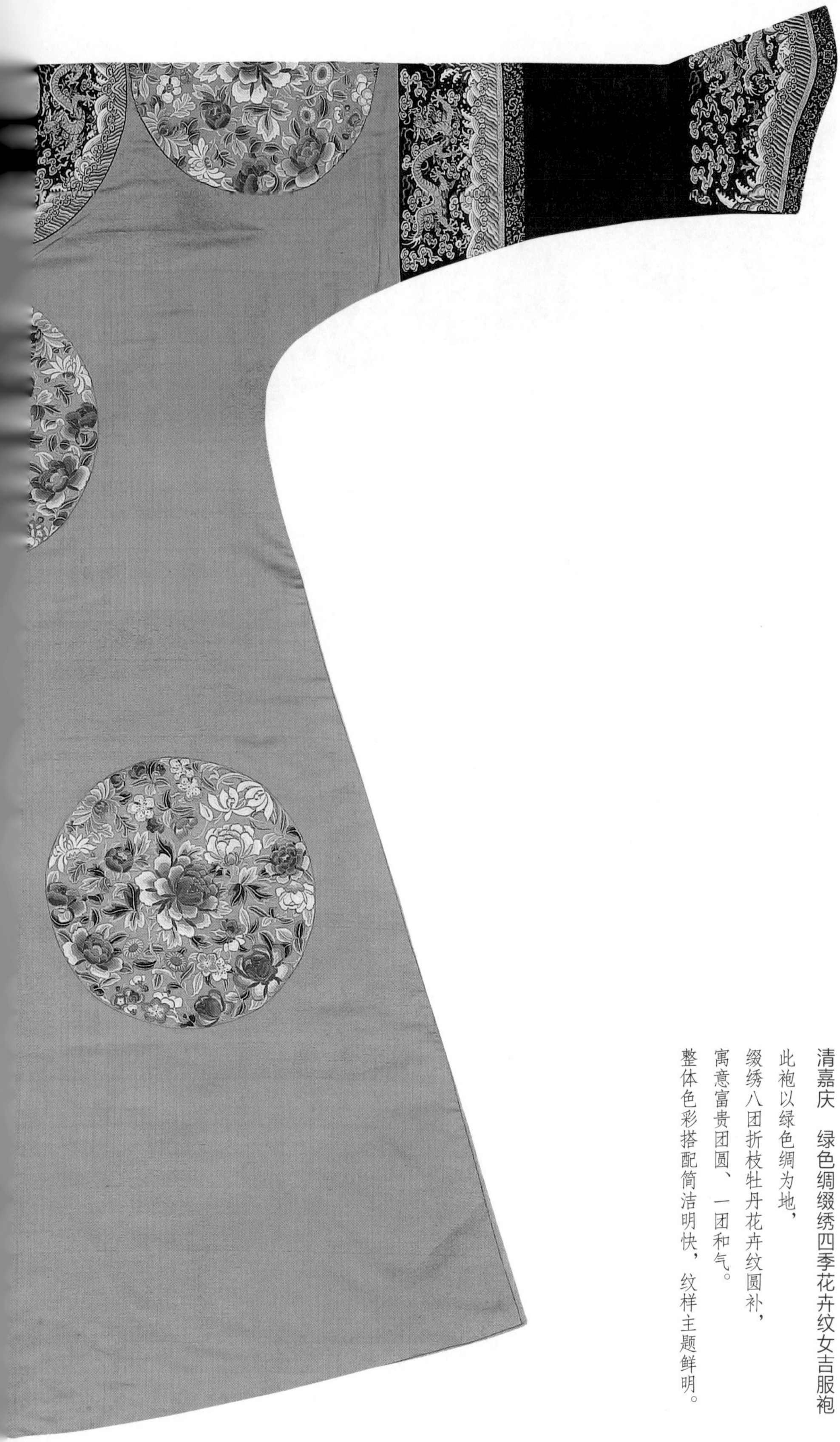

清嘉庆　绿色绸缀绣四季花卉纹女吉服袍

此袍以绿色绸为地，
缀绣八团折枝牡丹花卉纹圆补，
寓意富贵团圆、一团和气。
整体色彩搭配简洁明快，纹样主题鲜明。

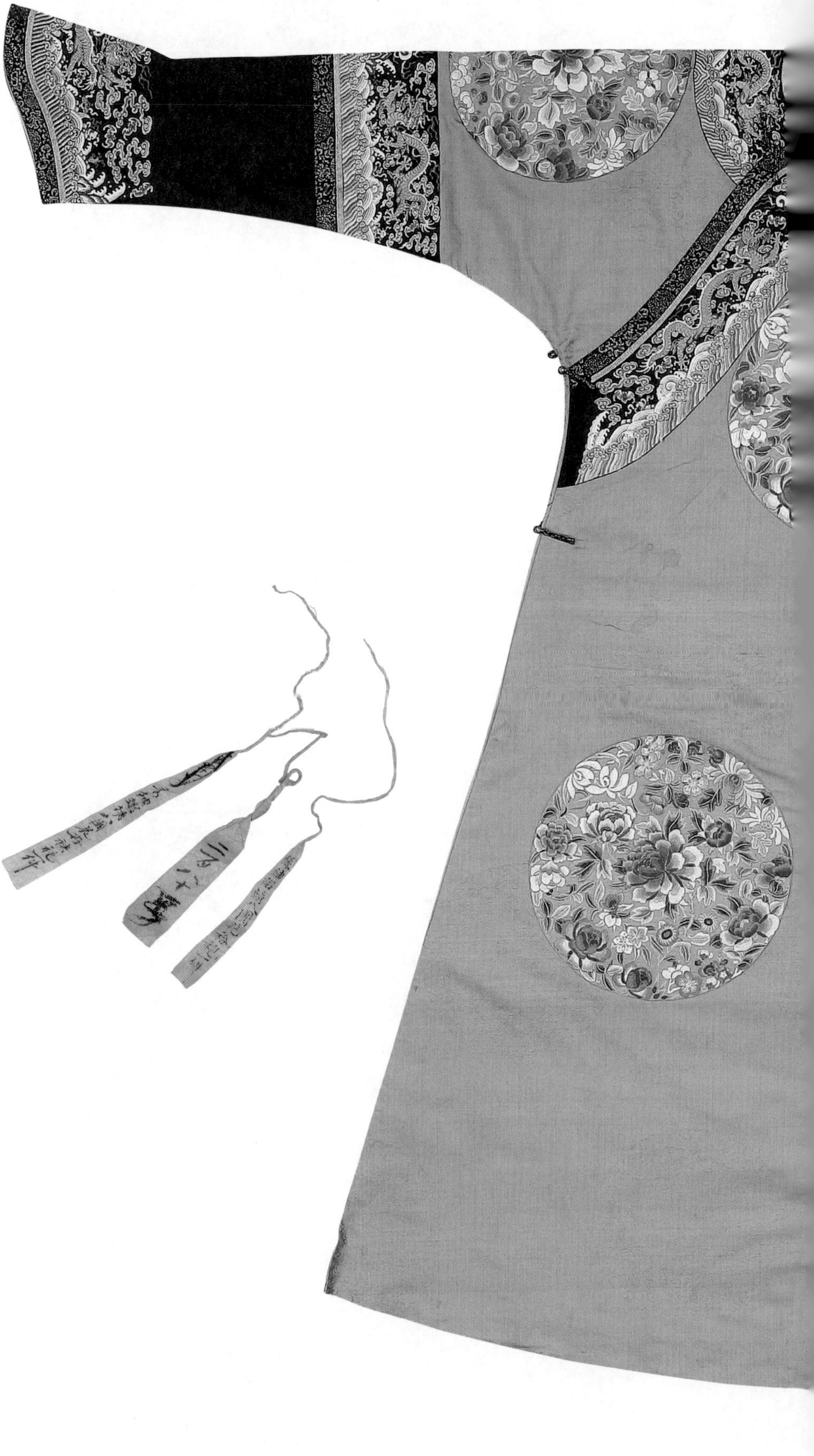

清人绘　旻宁（道光皇帝）喜溢秋庭图轴

多彩多样的清代便服

便服是相较于制度森严的礼服、吉服、常服、行服而言，是后妃在后宫经常穿用的一种服装。由于是燕居着装，所以在清代冠服制度里，并没有关于其形制的具体规定，因而后妃们在选择穿用便服时都会根据季节的变化及个人喜好来定制，亦因此使得后妃便服的纹样和形式更为多样，包括紧身、坎肩、马褂、衬衣、氅衣、套裤等。与此同时这也很好地反映了清代后妃们的衣着审美和时尚追求。

清　慈禧便服像旧影

在便服中最能体现后妃服饰特点的当属氅衣和衬衣。氅衣为圆领、平袖、右衽、直身式。衣左右开裾至腋下，并配饰如意云头。衬衣形制同氅衣，唯左右不开裾，无如意云头，可外穿，或者与马褂、紧身、坎肩等配套穿着。

在《大清会典图》中没有规定便服的形制以及纹样的使用，现实中更多的是以纹样、颜色、用料、工艺等方面来体现等级制度，如明黄色的面料和里子为皇太后、皇后、皇

清同治　绿色缂丝折枝牡丹纹夹氅衣

此件氅衣在绿色为主体颜色的基础上运用粉、蓝、黄色等较清新淡雅的颜色缂织牡丹、小菊花等花卉纹样，设色典雅和谐，构图自然柔美，风格在清新优雅的同时又不失皇家的贵气。

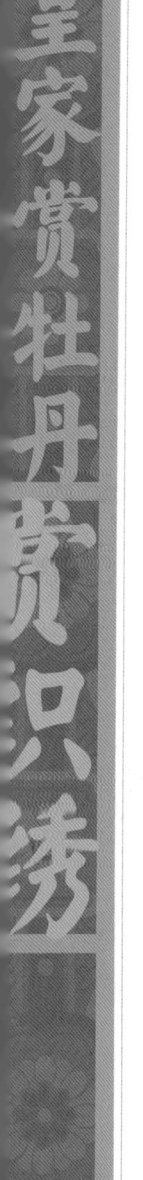

贵妃的专用颜色，其余妃嫔不可使用。除明黄色外，便服的颜色以香色、绿色、红色、蓝色、藕荷色等居多。纹样多以传统吉祥纹样、花卉纹样为主。面料多为缂丝、暗花缎、暗花纱、暗花绸等。道光时期之后以缂丝面料居多。到了清晚期，后妃的便服从式样到色彩都较

之前有了较大的发展，更贴近清代社会时尚，更多地吸收民间服饰的风格元素，在追求穿着舒适与外观华美的同时，也将清代的织绣工艺推向了新的高度。

清同治　石青色缎打籽绣牡丹蝶纹女琵琶襟夹小坎肩

此坎肩整体以石青色素缎为地，用彩色丝线绣制牡丹彩蝶纹，并以蓝白二色绣制缠枝牡丹、玉兰纹为边缘。整体纹样错落有致，色彩艳丽搭配和谐。

清道光　洋红色缎打籽绣

牡丹蝶纹夹氅衣

此件氅衣以大红色缎为地绣牡丹花、梅花、蝴蝶等作为主体纹饰，以石青色缎地绣牡丹蝴蝶纹为领袖边，并配饰蕾丝绦边。胸前的打籽绣五彩蝴蝶牡丹纹样成为此件氅衣的点睛之处，寓意捷报富贵。整体设色丰富，晕色和谐，刺绣工艺细腻。

清人绘　孝全成皇后璇宫春霭图轴

清道光　黄色缎绣牡丹蝶纹夹氅衣

该氅衣以明黄色缎为地，
用绿、紫、蓝色绣线，
采用三色间晕的装饰方法
绣制大朵的折枝牡丹花，
将牡丹花的端庄秀雅、
雍容华贵表现得淋漓尽致。
婀娜多姿的五彩蝴蝶，
又给端庄的图案平添无限活力。
该氅衣图案大方疏朗，
很好地体现了皇家风范。
总体来说该氅衣的风格代表着
晚清宫廷日常服饰的总体风格——
追求宽襟阔袖的舒适感，
装饰繁复，做工精湛，色彩运用华丽。

清道光　草绿色江绸绣水墨牡丹
品月团寿纹对襟夹马褂

此件马褂以草绿色江绸为地，绣制水墨色折枝牡丹花和品月色团寿字，并以石青色绸地绣制水墨色折枝牡丹花纹为领袖边和衣缘。对襟饰如意云头，并缀饰「寿」字金色币式扣。整体色调和谐，纹样清新，主题鲜明。

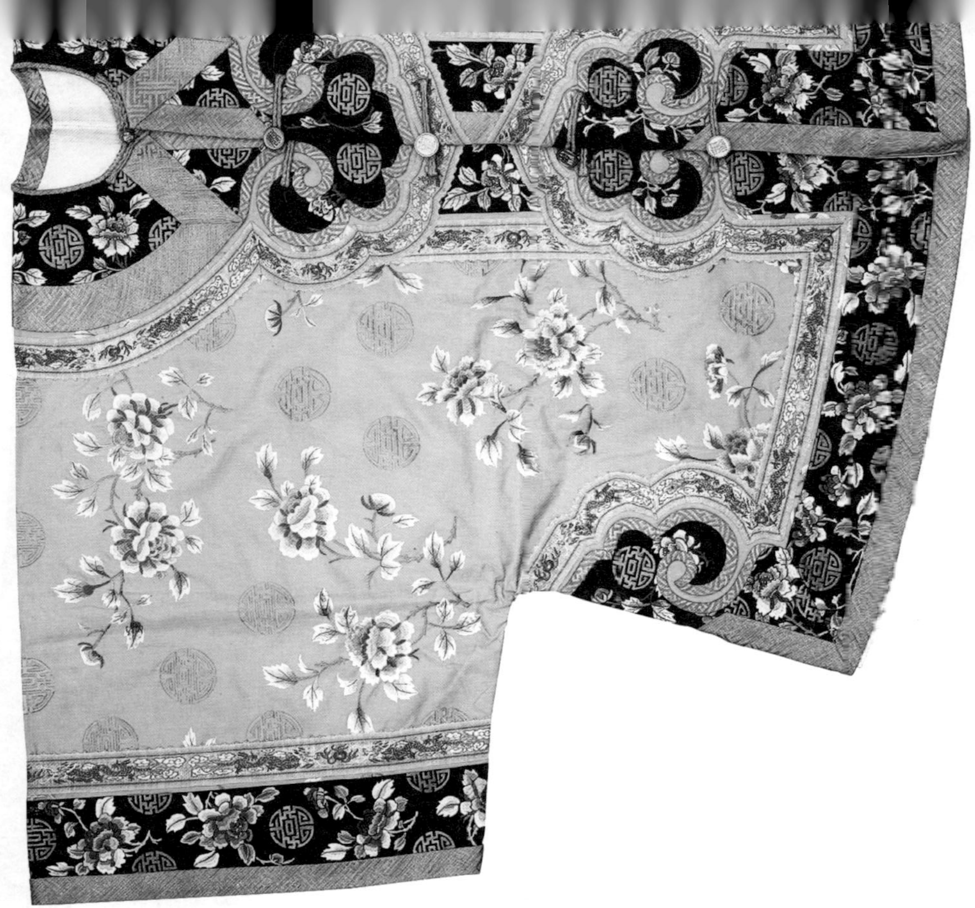

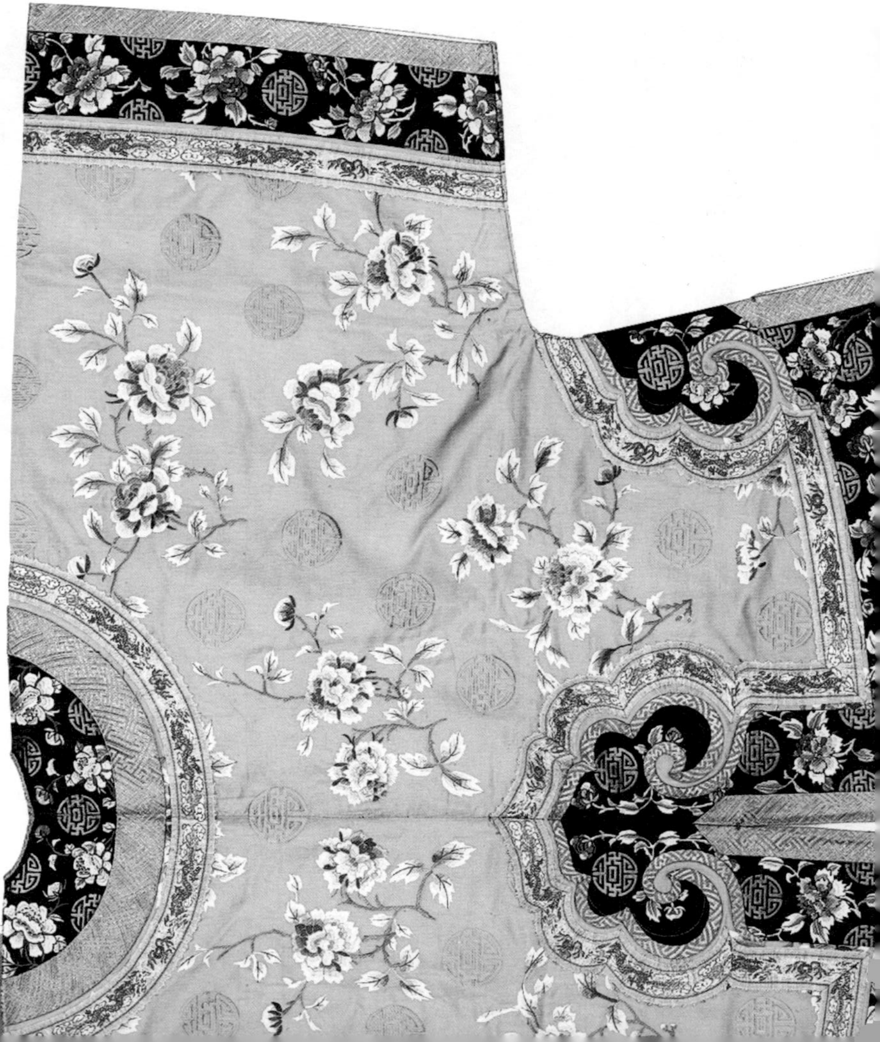

清道光　桃红色绸平金绣折枝花卉团寿纹女棉衬衣

此件衬衣以桃红色绸为地，彩线绣制牡丹花卉纹，搭配平金绣团寿字。此种牡丹花卉纹与团寿字搭配使用的纹样为清宫服饰中常用的装饰。

清道光　桃红色绸平金绣折枝花卉团寿纹女棉衬衣（局部）

清人绘　孝贞显皇后（慈安）璇闱日永图轴

牡丹花，不仅娇艳多姿，色彩富丽，在缤纷绚丽的清代后妃服饰中，还成为了织绣纹样的重要题材，在清代宫廷后妃服饰中留下华丽的篇章。以上牡丹纹装饰选自故宫博物院清宫旧藏的几件后妃服饰，虽在四万多件清代宫廷织绣文物中占极少数，但却是清代织绣工艺绝技的原始记录，为我们研究内廷后妃生活、了解中国织绣工艺发展提供了有价值的实物资料。

本书内容节自《紫禁城》二〇一六年六月号陶静《撷趣拾芳》、徐巍《清雅妍美》、黄英《「富贵吉祥」任雕琢》、梁科《明清宫廷织物中的牡丹纹样设计》、杨紫彤《人气雍容之美》。